Majaliwa Mbogella

Apoiar a adaptação da comunidade às alterações climáticas

Majaliwa Mbogella

Apoiar a adaptação da comunidade às alterações climáticas

ScienciaScripts

Imprint

Any brand names and product names mentioned in this book are subject to trademark, brand or patent protection and are trademarks or registered trademarks of their respective holders. The use of brand names, product names, common names, trade names, product descriptions etc. even without a particular marking in this work is in no way to be construed to mean that such names may be regarded as unrestricted in respect of trademark and brand protection legislation and could thus be used by anyone.

Cover image: www.ingimage.com

This book is a translation from the original published under ISBN 978-620-2-07950-1.

Publisher:
Sciencia Scripts
is a trademark of
Dodo Books Indian Ocean Ltd. and OmniScriptum S.R.L publishing group

120 High Road, East Finchley, London, N2 9ED, United Kingdom
Str. Armeneasca 28/1, office 1, Chisinau MD-2012, Republic of Moldova, Europe
Printed at: see last page
ISBN: 978-620-8-01707-1

Apoiar as iniciativas comunitárias de adaptação aos efeitos adversos das alterações climáticas

MAJALIWA MAYOVA MBOGELLA FOTOGRAFIAS DE *LAZARO MBOGELLA*

Resumo

Este estudo sobre o apoio a iniciativas de adaptação das comunidades aos efeitos adversos das alterações climáticas em África tem por objetivo apoiar programas nas zonas rurais do distrito rural de Iringa e desenvolver a gestão comunitária das florestas e bosques naturais, bem como abordar as questões de género nas fases de formulação, implementação e partilha de benefícios no distrito de Iringa e, através deste esforço, conservar a valiosa biodiversidade e melhorar o bem-estar das comunidades rurais, em conformidade com a Nova Política Florestal (1998); a Política de Vida Selvagem (1998), a proposta de Lei de Terras de 1999, a Lei de Terras de Aldeia (1998) e o Plano de Ação Nacional de Adaptação (NAPA 2007), que prevê um processo para que os países menos desenvolvidos identifiquem actividades prioritárias que satisfaçam as suas necessidades urgentes e imediatas de adaptação às alterações climáticas, em que um atraso maior aumentaria a vulnerabilidade ou os custos numa fase posterior. Se a primeira fase for bem sucedida, o estudo será alargado a uma segunda fase em que os resultados serão aplicados a outras áreas florestais na região de Iringa. Na primeira fase, serão desenvolvidos e reforçados modelos de gestão de florestas naturais e estruturas locais numa área florestal de aldeia e numa reserva florestal nacional. Os planos de gestão serão desenvolvidos e implementados conjuntamente por aldeões, pessoal florestal distrital e subdistrital, com o apoio do Conselho Distrital de Iringa e assistência técnica do Programa de Pequenas Subvenções do GEF (Nehemiah Murusuri:2015).

Espera-se que os aldeões de ambos os sexos e de diferentes origens étnicas e socioeconómicas sejam os principais beneficiários dos produtos florestais comuns e da fauna bravia graças ao acesso melhorado (legalizado) aos recursos naturais nas áreas florestais. A Children Care Development Organization (CCDO) e o Conselho Distrital de Iringa desempenharão um papel de facilitação e monitorização e, por sua vez, verão a sua base de receitas melhorada através de um aumento da taxa distrital sobre os produtos florestais nas duas áreas piloto.

As principais actividades incluem a formação dos aldeões em matéria de recursos naturais
e novas políticas relevantes; capacitar as mulheres para gerir os impactos das alterações climáticas, reduzir as vulnerabilidades e aumentar os rendimentos a longo prazo.
resistir às alterações climáticas a nível comunitário, demarcando áreas florestais e elaborando planos de gestão; apoiar os jovens e as crianças em idade escolar na gestão ambiental e no desenvolvimento sustentável, bem como em projectos comunitários de abastecimento de água e na conservação das fontes de água ; luta contra os factores de desflorestação e de degradação florestal através de iniciativas comunitárias e reforço das

capacidades dos agricultores e dos pastores para fazer face aos efeitos das alterações climáticas e promoção de uma utilização mais ampla dos conhecimentos indígenas para fazer face aos impactos das alterações climáticas, desenvolvimento de mercados para os produtos florestais; formação em matéria de género e formação em gestão de fundos a nível das aldeias. A formação visará diferentes grupos de aldeões e, em especial, os comités de gestão dos recursos naturais que funcionam sob os auspícios dos conselhos de aldeia. Será igualmente ministrada formação ao pessoal responsável pela supervisão da gestão dos recursos naturais a nível distrital. As actividades e os resultados do projeto estão, por conseguinte, diretamente relacionados com a finalidade e os objectivos do projeto.

A investigação será efectuada no distrito rural de Iringa, na região de Iringa. Este distrito tem uma longa história de abate de árvores e de destruição de fontes de água, sendo por isso propenso à seca, ao esgotamento das florestas, às inundações, à fome e ao VIH. Os beneficiários directos serão as três divisões comunitárias, que têm uma população de cerca de 50.000 pessoas. Os beneficiários directos serão também os governos do distrito, da comuna e da aldeia. Os beneficiários indirectos são os distritos vizinhos, o governo provincial e o governo nacional.

Índice

Capítulo 1   **5**

Capítulo 2   **10**

Capítulo 3   **16**

Capítulo 4   **18**

Capítulo 5   **20**

Capítulo 6   **22**

Capítulo 7   **23**

Capítulo 8   **31**

Capítulo 9   **39**

Capítulo 10   **46**

1.0 Introdução
1.1 Contexto

A região de Iringa faz parte da zona das Terras Altas do Sul da Tanzânia continental, que inclui as regiões de Iringa, Mbeya e partes das regiões de Morogoro e Ruvuma. [1] Situa-se entre as latitudes 6° 55 e 10° 301 a sul do equador e entre as longitudes 33° 451 e 36° 551 a leste de Greenwich. A norte da região encontram-se as zonas de Singida e Dodoma. A leste, faz fronteira com a região de Morogoro e, a sul, com a região de Ruvuma. As suas fronteiras ocidentais são partilhadas com a região de Mbeya e, através do lago Nyasa, com a República do Malawi. Em 2005, a maioria da população vivia na região. Poucos estavam envolvidos no empreendedorismo (lojas e produtos secos), espalhados por sete distritos: Makete, Ludewa, Njombe, Mufindi, Kilolo, distrito de Iringa (distrito rural de Iringa) e município de Iringa, onde está sediado o nosso CCDO para este projeto. A região de Njombe, que se baseia em actividades agrícolas, é uma das Áreas Importantes para a Biodiversidade (IBAs) da região. É uma das zonas do distrito de Iringa onde o ambiente está menos bem preservado. A agricultura é a principal fonte de rendimento. Algumas pessoas foram contratadas para trabalhos ocasionais como o abate industrial de árvores, a exploração madeireira ilegal e, em alguns casos, a mineração em pequena escala e a caça furtiva de animais. Estas actividades têm um impacto negativo na situação do Parque Nacional da Ruaha d'Iringa, que é o principal reservatório de água de certas divisões de Pawaga, Kalenga e Isimani, vizinhas da divisão de Ifunda.

No entanto, o seu desejo de se envolverem em meios de subsistência mais produtivos e em actividades de proteção/preservação ambiental é evidente nas suas aspirações. Portanto, é preferível aproveitar este potencial e ajudá-los a planear e realizar actividades de restauração ecológica em vez de projectos de destruição ambiental. É com isto em mente que o projeto Conservação Ambiental através da Melhoria da Segurança Humana, Ambiente e Gestão de Catástrofes: Foco na Região de Iringa, Tanzânia, é proposto para implementação.

A pobreza, a fraca posse da terra devido à má gestão e à sobreprodução, o trabalho infantil e as variáveis geográficas colocam os aldeões do distrito selecionado numa categoria socioeconómica vulnerável. Os aldeões são agricultores cujos principais produtos são o milho, o tabaco, a batata-doce, o arroz, a mandioca, o inhame, a banana-da-terra, o sumo de bambu e os girassóis. A maioria destes produtos é atualmente vendida a baixo preço e não transformada. O estudo beneficiará toda a comunidade, fornecendo conhecimentos sobre práticas agroflorestais através da plantação de árvores, mitigação das alterações climáticas, prevenção de incêndios florestais e inundações, construção de tanques de piscicultura, colmeias modernas, workshops/seminários comunitários (já em curso), aumento da atividade de mercado, produção agrícola mais elevada e mais diversificada e rendimentos gerados e gastos pelos membros da própria comunidade. De facto, as alterações climáticas levaram a um agravamento destas condições nos últimos anos, causando estragos em toda a província, particularmente entre as populações rurais vulneráveis nas regiões montanhosas e na área das Divisões de Iringa. O aumento da gravidade e da duração destes riscos naturais teve efeitos desastrosos.

A Children Care Development Organization (CCDO) ajudou a comunidade local do distrito de Iringa a criar uma estratégia de parceria e a preparar projectos de investimento resistentes a catástrofes para o desenvolvimento sustentável dos conselhos distritais de Iringa, reduzindo a pobreza nas florestas através de soluções práticas de TIC para os jovens na Tanzânia. Uma grande iniciativa foi liderada pelo CCDO e financiada pelos Programas de Desenvolvimento das Nações Unidas (PNUD), Computers 4 Africa (Reino Unido) e World Exchange Computers (EUA). As principais componentes do projeto foram: 1) a formação e sensibilização de pessoas-chave da comunidade sobre questões relacionadas com as alterações climáticas; 2) o desenvolvimento de "Planos de Aldeia Mais Segura" de forma participativa; e 3) a implementação de componentes de planeamento específicas através de subprojectos. Durante o período do projeto, foram retiradas lições importantes e propõe-se a replicação das componentes do projeto noutros países vulneráveis de África em geral, a fim de criar um modelo de adaptação às alterações climáticas, de conservação da biodiversidade e de proteção das fontes de água com base na comunidade que possa ser utilizado em diferentes partes da Tanzânia, bem como noutras comunidades africanas vulneráveis afectadas pelas alterações climáticas.

O projeto proposto basear-se-á na experiência da iniciativa supramencionada, mas reforçá-la-á através de: 1) análise das questões climáticas (em especial os padrões de precipitação) e dos acontecimentos catastróficos (padrão e recorrência), 2) criação de um cenário de alterações climáticas para o futuro e 3) um modelo de adaptação às alterações climáticas, 4) capacitação das mulheres para gerir os impactos das alterações climáticas, 5) redução das vulnerabilidades e aumento da resistência às alterações climáticas a longo prazo a nível comunitário e promoção de uma utilização mais alargada dos conhecimentos indígenas para fazer face aos impactos das alterações climáticas 6) reforçar a capacidade dos agricultores e dos pastores para enfrentarem os efeitos das alterações climáticas e combaterem os factores de desflorestação e degradação florestal através de iniciativas comunitárias, 7) apoiar os jovens e as crianças em idade escolar na gestão ambiental e no desenvolvimento sustentável 8) apoiar iniciativas comunitárias destinadas a garantir benefícios ambientais globais através de acções comunitárias nos domínios da conservação da biodiversidade, da atenuação e adaptação às alterações climáticas e da proteção das fontes de água. adaptação às alterações climáticas e proteção das fontes de água. A ênfase será colocada na replicação do processo noutras partes do mundo. O projeto proposto visa atenuar os efeitos das alterações ambientais (sob a forma de efeitos das alterações climáticas) na comunidade, sob a forma de catástrofes naturais como inundações, secas, incêndios florestais e ciclones. Serão melhorados os impactos específicos nos meios de subsistência (principalmente agricultura e aquicultura) e nas condições de vida (habitação, saúde e educação). O projeto analisará as estratégias e os mecanismos de sobrevivência da comunidade, pelo que o seu principal objetivo é concentrar-se na atenuação das alterações climáticas através da plantação e proteção de árvores, na segurança humana e na dimensão ambiental da pobreza.

1.2. História da zona de estudo
Pawaga - Segundo as pessoas entrevistadas no terreno, antes da independência, em 1961, Pawaga era uma região pastoril devido às suas imensas planícies, embora semi-áridas, enquanto a divisão de Isimani era considerada a principal província da Tanzânia para a produção agrícola de milho, mas atualmente a província é conhecida como uma zona desértica e com uma grande população afetada e infetada pela malnutrição devido às condições de adaptação às alterações climáticas, bem como à desflorestação.
No entanto, realizámos este estudo porque faz parte do estudo de base do projeto sobre os impactos dos efeitos negativos da adaptação às alterações climáticas e do investimento na terra nas comunidades rurais da Tanzânia. O estudo foi realizado nas Divisões de Pawaga, Kalenga e Isimani no Conselho Distrital de Iringa (IDC), Região de Iringa e o estudo foi realizado na última metade de dezembro de 2014 - março de 2015 como uma fase inicial de desenvolvimento do âmbito do programa que é financiado pelo PNUD ao abrigo do projeto para apoiar iniciativas de adaptação baseadas na comunidade para enfrentar os efeitos adversos das alterações climáticas nas três divisões acima mencionadas.
Através de *uma pesquisa de reconhecimento* antes do início do projeto, os registos mostram que as actividades pastoris na Divisão de Pawaga antes da independência e, mais tarde, o cultivo de milho nas áreas de Isimani foram ambos realizados sem uma avaliação prévia do impacto ambiental, o que teria permitido o estabelecimento e a utilização de métodos agrícolas amigos do ambiente. Estes métodos ignorados incluem o pousio, a reflorestação, a agricultura itinerante e o cultivo de culturas de rendimento de longa duração que emitem humidade para a atmosfera, a fim de preservar e evitar o efeito de estufa. É lamentável que as consequências da transformação das divisões de Pawaga e Isimani em zonas semi-áridas estejam a ser sentidas pela geração atual e possam continuar a afetar as gerações futuras se os civis locais e o governo não puserem em prática esforços para melhorar a conservação do ambiente.

1.3. Plano de sustentabilidade do projeto
(1998), a Política de Vida Selvagem (1998), a Lei de Terras de 1999, a Lei de Terras de Aldeia (1999) e o Plano de Ação Nacional de Adaptação (NAPA 2007), que prevê um processo para os países menos desenvolvidos identificarem actividades prioritárias que satisfaçam as suas necessidades urgentes e imediatas de adaptação às alterações climáticas e em que um atraso maior aumentaria a vulnerabilidade ou os custos elevados numa fase posterior. Se a primeira fase for bem sucedida, o projeto será alargado a uma

segunda fase em que os resultados serão aplicados a outras áreas florestais na região de Iringa. No entanto, este projeto só será bem sucedido se o governo local e os civis locais das populações alvo de Isimani, Kalenga e Pawaga tomarem medidas para implementar e praticar as estratégias que foram iniciadas por este projeto.

1.4 Segurança humana

A segurança humana tem por objetivo reduzir e, se possível, eliminar as inseguranças que pesam sobre as vidas humanas. A abordagem do desenvolvimento humano, iniciada pelo economista visionário Mahbub ul Haq (sob a égide do Programa das Nações Unidas para o Desenvolvimento), contribuiu muito para enriquecer e alargar a literatura sobre o desenvolvimento. O desenvolvimento humano preocupa-se com a eliminação dos vários obstáculos que limitam e restringem a vida humana e a impedem de florescer. A segurança humana é uma ideia que complementa de forma frutuosa a perspetiva expansionista do desenvolvimento humano, prestando uma atenção direta ao que por vezes se designa por "riscos negativos".

A relação entre a segurança humana e o ambiente é mais acentuada nas zonas em que as pessoas dependem do acesso aos recursos naturais. Os recursos ambientais são uma parte essencial dos meios de subsistência de muitas pessoas. Quando estes recursos são ameaçados pelas alterações ambientais, a segurança humana também é ameaçada, as pessoas abandonam as zonas rurais em direção às terras marginais e os rendimentos das famílias diminuem. Esta relação é tida em conta no desenvolvimento. A gestão das catástrofes tem uma conotação direta com a segurança humana. Muitas catástrofes naturais, como as inundações, as doenças, os incêndios florestais e a seca, estão diretamente ligadas à degradação ambiental e às alterações climáticas. Estas catástrofes atingem mais duramente os pobres, afectando as suas vidas, propriedades e meios de subsistência.

1.5 O contexto tanzaniano

De acordo com a estratégia global de redução da pobreza e de crescimento da Tanzânia, a redução da vulnerabilidade às catástrofes naturais é uma prioridade fundamental para a redução da pobreza. A estratégia nacional de proteção do ambiente da Tanzânia sublinha o desenvolvimento institucional, o reforço das capacidades e a integração de considerações ambientais no planeamento económico e na tomada de decisões. A estratégia da Tanzânia em matéria de alterações climáticas define o seu mandato à luz da assinatura do Protocolo de Quioto e da Decisão 178, que entrou em vigor em 12 de novembro de 2001 e regula as responsabilidades dos agregados familiares e dos indivíduos cuja principal fonte de rendimento é a silvicultura. "A comunicação nacional inicial da Tanzânia no âmbito da Convenção-Quadro das Nações Unidas sobre as Alterações Climáticas (CQNUAC) indica que o aumento das catástrofes naturais, como tufões, tempestades, ventos fortes e chuvas intensas, ameaçaria a vida das pessoas que ocupam terras, para as incentivar a proteger e a desenvolver as florestas e a fazer da silvicultura

uma importante fonte de rendimento.
Planos para aldeias mais seguras

Os "Planos de Aldeia Mais Segura" são uma ferramenta de planeamento abrangente para integrar a redução do risco de catástrofes no processo de desenvolvimento local. Um plano de preparação para catástrofes (alerta precoce, procedimentos de evacuação, procedimentos de salvamento, armazenamento seguro de sementes e outros bens, etc.) faz parte de um "plano de aldeia mais segura".) faz parte de um "plano de aldeia mais segura". No entanto, o plano inclui (1) uma análise dos riscos que afectam a aldeia, (2) os impactos observados das alterações climáticas na localidade, (3) a vulnerabilidade das pessoas, infra-estruturas, habitação, ambiente e meios de subsistência a estes riscos e aos impactos das alterações climáticas, (4) os recursos e capacidades existentes para preparar e mitigar as catástrofes, e (5) acções prioritárias para reduzir ainda mais os riscos e adaptar-se às alterações climáticas. Neste sentido, o Plano para uma Aldeia Mais Segura é semelhante ao desenvolvimento da aldeia, mas centra-se na redução do risco de catástrofes.
fenómenos climáticos extremos (por exemplo, catástrofes naturais) e adaptação às alterações climáticas.
mudança.

Relevância para as políticas e actividades da Tanzânia
O projeto proposto não está diretamente relacionado com nenhum projeto CCDO atual ou proposto. No entanto, o desenvolvimento de uma estratégia de luta contra as alterações climáticas
Este modelo de adaptação, que pode ser aplicado a outras regiões da Tanzânia e a outros países, enquadra-se perfeitamente no mandato da Tanzânia para alcançar os ODM.
Além disso, o facto de o subprojecto proposto se centrar na redução da pobreza justifica ainda mais o apoio do CCDO ao projeto.

Justificação
As três divisões seleccionadas de Pawaga, Kalenga e Isimani no distrito de Iringa constituem as principais áreas de captação do rio Ruaha. No entanto, em resultado de práticas insustentáveis de gestão das terras e de precipitação insuficiente devido à variabilidade climática, os caudais de água do rio Ruaha caíram para os seus níveis mais baixos. A produção agrícola também diminuiu, deixando os aldeões e o seu gado numa situação socioeconómica vulnerável. A fauna e a flora do Parque Nacional de Ruaha estão também ameaçadas devido à falta de água disponível durante períodos que podem ir até seis meses por ano. Este projeto visa reforçar a capacidade dos agricultores e pastores para fazer face aos efeitos das alterações climáticas e combater as causas da desflorestação e da degradação florestal através de iniciativas comunitárias.

2.0 Enunciado e importância do problema
2.1 Declaração do problema

A questão central abordada pelo Projeto Comunitário de Gestão das Florestas Naturais (NWMP) relacionava-se com os conflitos potenciais e reais entre, por um lado, a preocupação geral com o ambiente e, por outro, os esforços desenvolvidos por agregados familiares individuais, comunidades rurais e autoridades locais para apoiar os meios de subsistência das pessoas e reduzir a pobreza.

A Tanzânia enfrenta atualmente uma série de desafios ambientais, incluindo o aumento da pressão sobre os recursos naturais, a desflorestação, a degradação dos solos e outras questões relacionadas com as alterações climáticas. A incapacidade de abordar eficazmente estas questões pode estar ligada a uma série de factores, incluindo as políticas gerais seguidas pela Tanzânia no passado, a falta de recursos (capital, conhecimentos, contributos técnicos, etc.) e os estrangulamentos institucionais e organizacionais. A fragilidade do sistema de gestão e de informação e, até recentemente, a falta de vontade política para reconhecer e apoiar as reformas fundamentais necessárias também desempenharam um papel importante. Além disso, os agregados familiares e as comunidades locais não dispõem dos incentivos económicos e outros para desempenharem um papel ativo na conservação ou na utilização sustentável dos recursos naturais, devido à ausência ou à insegurança dos direitos de propriedade e de utilização desses recursos. Consequentemente, a eficácia dos meios e das estruturas organizacionais existentes para a gestão dos recursos naturais é ainda considerada baixa.

Com o processo de descentralização em curso, a Política Florestal recentemente redigida e aprovada, a nova Política de Vida Selvagem, a nova Lei de Terras e a Lei de Aldeia, o governo da Tanzânia tomou medidas políticas importantes para resolver o conflito entre os objectivos ambientais e os objectivos de redução da pobreza. No entanto, os distritos e as comunidades locais, que se tornarão os principais guardiões dos recursos naturais em nome de toda a sociedade, estão a ter dificuldades em assumir o seu novo papel, em primeiro lugar porque as recentes alterações políticas ainda não são conhecidas pela maioria das pessoas (incluindo os funcionários governamentais a nível regional e distrital) e, em segundo lugar, devido à falta de competências técnicas e de gestão necessárias para uma gestão eficaz e sustentável dos recursos naturais.

Para aumentar o impacto das novas alterações políticas, as autoridades regionais e locais e as comunidades têm de receber as informações e os conhecimentos necessários. Além disso, a capacidade das estruturas e sistemas organizacionais existentes para gerir os recursos naturais de forma sustentável e benéfica, em conformidade com as novas políticas e leis, tem de ser examinada e possivelmente reforçada. O projeto CCDO foi concebido para ajudar as comunidades locais, as autoridades distritais e a Tanzânia no seu conjunto a atingir os objectivos políticos formulados e a minimizar o atual conflito entre os objectivos ambientais e o objetivo de redução da pobreza.

O projeto funciona aos seguintes níveis:

A nível comunitário, o objetivo é formular e aplicar estratégias de gestão florestal sustentável e os procedimentos e estruturas administrativas correspondentes.

A nível distrital, o objetivo é conceber e implementar um quadro florestal distrital para criar um ambiente propício às comunidades locais nas zonas-piloto, a fim de realizar os seus planos de gestão das florestas naturais e promover as alterações climáticas e a conservação das fontes de água, incluindo a conservação da biodiversidade.

Capacitar as mulheres para gerir os efeitos das alterações climáticas, os projectos hídricos comunitários e a conservação das fontes de água

Reduzir as vulnerabilidades e aumentar a resistência a longo prazo às alterações climáticas a nível comunitário e promover uma utilização mais alargada dos conhecimentos indígenas para fazer face aos efeitos das alterações climáticas.

Reforçar a capacidade dos agricultores e dos pastores para enfrentarem os efeitos das alterações climáticas e combaterem as causas da desflorestação e da degradação florestal através de iniciativas de base comunitária.

Apoiar os jovens e as crianças em idade escolar na gestão ambiental e no desenvolvimento sustentável.

2.1.1 Objectivos
Objetivo de desenvolvimento

O objetivo do projeto é desenvolver um modelo comunitário de adaptação às alterações climáticas que possa ser aplicado a diferentes condições socioeconómicas. O objetivo do projeto proposto é melhorar a segurança humana na Tanzânia para fazer face aos impactos das alterações climáticas sob a forma de catástrofes naturais, tais como inundações, desflorestação, incêndios florestais, destruição de bacias hidrográficas e ciclones.

Para atingir a finalidade e o objetivo acima referidos, os objectivos específicos são os seguintes

1) Reduzir os efeitos negativos das alterações climáticas nas comunidades e nos seus meios de subsistência nas regiões de Pawaga, Kalenga e Isimani, nos distritos de Iringa.

2) Organizar programas de formação e de sensibilização na aldeia, na comuna e no distrito

3) Lançar um processo de planeamento participativo a nível da aldeia, da comuna e do distrito,

4) Implementar subprojectos de demonstração como parte de planos de aldeia/comunidade/distrito mais seguros, e

5) Acompanhamento e análise da implementação e desenvolvimento do modelo comunitário de adaptação às alterações climáticas,

6) Sensibilizar e promover o conhecimento sobre os créditos de carbono e a atenuação das alterações climáticas através de campanhas de plantação de árvores, apicultura e piscicultura como forma de reduzir a pobreza e proteger a sua sustentabilidade.

7) Capacitar as mulheres para gerir os efeitos das alterações climáticas,

reduzir as vulnerabilidades e aumentar a resiliência a longo prazo às alterações climáticas a nível comunitário.

8) Promover uma utilização mais alargada dos conhecimentos autóctones para fazer face aos efeitos das alterações climáticas e reforçar a capacidade dos agricultores e dos criadores de gado para fazer face aos efeitos das alterações climáticas.

Desenvolver a gestão comunitária de florestas naturais e bosques no distrito de Iringa e, através deste esforço, conservar a valiosa diversidade biológica e melhorar o bem-estar das comunidades rurais.

Objectivos imediatos

1) Em primeiro lugar, desenvolver, testar e aplicar modelos de gestão florestal conjunta amplamente replicáveis para a produção, utilização, gestão e proteção ecologicamente sustentáveis de florestas naturais e bosques em zonas-piloto.

2) Em segundo lugar, apoiar o desenvolvimento das capacidades de gestão das florestas naturais, das matas e da biodiversidade no distrito de Iringa.

3) Em terceiro lugar, combater as causas da desflorestação e da degradação florestal através de iniciativas comunitárias e apoiar os jovens e as crianças em idade escolar na gestão ambiental e no desenvolvimento sustentável, em especial através de projectos comunitários de abastecimento de água e de conservação das fontes de água.

A força subjacente dos objectivos imediatos é que eles definem os dois níveis cruciais da atividade do CCDO: em primeiro lugar, ajudar as aldeias e as comunidades e, em segundo lugar, apoiar a capacidade do distrito para manter esta atividade.

Projeto de intervenção

Implementação no terreno e investigação-ação através de um estudo analítico e de intervenções-piloto nas regiões do sul da Tanzânia para abordar a proteção do ambiente e a plantação de árvores, reduzindo as alterações climáticas. O projeto visa estabelecer ligações entre a pobreza, o ambiente e as catástrofes. A questão fundamental do projeto é a redução da vulnerabilidade e dos riscos através de acções adequadas e o aumento da resiliência da comunidade. No projeto atual, a questão das alterações climáticas é a dimensão ambiental, que está ligada às catástrofes em termos de inundações e de esgotamento das florestas, afectando as vidas e os meios de subsistência da população rural e aumentando assim a pobreza. O projeto proposto analisará os padrões das alterações climáticas e a adaptação a nível comunitário, através de 1) a análise de dados sobre as alterações climáticas e os seus impactos sob a forma de catástrofes, 2) a implementação de programas de sensibilização para a biodiversidade, 3) o início de um processo de planeamento participativo e 4) a implementação de subprojectos de demonstração na área de estudo piloto. O projeto será analisado com vista a desenvolver um modelo de adaptação às alterações climáticas que possa ser utilizado noutras áreas das regiões da Tanzânia.

2.1.3 Descrição das abordagens propostas

As actividades e os resultados do projeto estão diretamente ligados à sua finalidade e aos seus objectivos. O projeto será executado no distrito de Iringa, na região de Iringa. Este distrito tem uma longa história de exploração madeireira e de destruição das fontes de água, sendo, por conseguinte, propenso à seca, ao esgotamento das florestas, às inundações e à fome. Os beneficiários directos serão as três divisões comunitárias, que têm uma população de cerca de 50.000 pessoas. Os beneficiários directos serão também os governos dos distritos, das comunas e das aldeias. Os beneficiários indirectos são os distritos vizinhos, o governo provincial e o governo nacional.

O leque de intervenções incluirá

1. Melhores práticas de utilização dos solos, em especial linhas de árvores, fontes de captação de água, capim vetiver e outras protecções naturais para a atenuação de catástrofes e a proteção do ambiente,
2. Melhoria das técnicas de subsistência para a adaptação às alterações climáticas e a sustentabilidade ambiental, incluindo técnicas de aquicultura sustentáveis
3. Melhorar a água e o saneamento para prevenir doenças durante as cheias.
4. Melhorar as práticas de habitação protegida contra catástrofes para se adaptar às alterações climáticas
5. Capacitar as mulheres para gerir os efeitos das alterações climáticas.
6. Promover uma utilização mais alargada dos conhecimentos indígenas para combater os efeitos das alterações climáticas
7. Reduzir a vulnerabilidade e reforçar as alterações climáticas a longo prazo
    a. resiliência local
8. Combater os factores de desflorestação e degradação florestal através de iniciativas comunitárias
9. Reforço da capacidade dos agricultores e dos criadores de gado para fazer face aos efeitos das alterações climáticas
10. Apoio aos jovens e às crianças em idade escolar no domínio da gestão ambiental e do desenvolvimento sustentável, e
11. Projectos comunitários no domínio da água e conservação das fontes de água.

As intervenções acima referidas estão ligadas ao Programa Estratégico de Redução da Pobreza e à Política de Utilização da Gestão dos Recursos Hídricos da Tanzânia, através da ênfase geográfica na redução da pobreza na região central e nas dimensões ambientais dos projectos de redução da pobreza. Estas intervenções estão também alinhadas com as estratégias de saúde, nutrição e proteção social do MKUKUTA (acrónimo em suaíli da Estratégia Nacional de Crescimento e Redução da Pobreza da Tanzânia). As duas últimas intervenções incluem elementos importantes da estratégia de género do DERP. Estas intervenções também promovem os objectivos da política de conservação do ambiente, que dá ênfase a uma abordagem proactiva da prevenção e atenuação de catástrofes.

O processo participativo para determinar as acções prioritárias centra-se na avaliação da vulnerabilidade dos aldeões, incluindo a identificação dos grupos mais pobres e mais vulneráveis, e na proposta de soluções que satisfaçam as necessidades globais de desenvolvimento socioeconómico da comunidade e contribuam para a sustentabilidade ambiental. As intervenções contribuirão, assim, para reduzir a pobreza e melhorar a proteção ambiental.

Actividades: As actividades propostas estão diretamente relacionadas com os objectivos Atividade 1.1 Mapeamento das partes interessadas e dos recursos: Através deste processo de mapeamento, as principais partes interessadas serão identificadas com as suas funções e responsabilidades em . Os recursos disponíveis serão identificados em termos de análise do capital humano e social. Os recursos disponíveis serão identificados em termos de análise do capital humano e social.

Atividade 1.2 Avaliação da vulnerabilidade, das capacidades e das necessidades: Será efectuada uma análise pormenorizada para: 1) compreender a vulnerabilidade e os riscos das comunidades, 2) analisar as capacidades de adaptação das comunidades e 3) avaliar as necessidades e as prioridades a nível das aldeias, dos distritos e das comunas.

Atividade 2.1 Programa de formação para agentes de mudança : No caso da Tanzânia, as organizações de massas locais (como a associação de mulheres, a associação de jovens e a associação de agricultores) têm um papel importante a desempenhar na comunidade. Os líderes das organizações de massas são identificados como agentes de mudança e será realizado um programa de formação consolidado para estes agentes de mudança.

Atividade 2.2 Criação de um cenário simplificado de alterações climáticas: Com base nos dados de previsão climática disponíveis no instituto nacional de investigação (Instituto de Hidrologia e Meteorologia), será produzido um cenário simplificado de alterações climáticas, com a participação dos agentes de mudança. Este cenário será transformado numa forma simplificada e de fácil compreensão com a ajuda de jornalistas locais e dos meios de comunicação social. O objetivo é divulgar informação ao público de uma forma simplificada.

Atividade 2.3 Campanha de sensibilização: Uma campanha de sensibilização será levada a cabo em várias comunas no distrito do estudo de caso. Agentes de mudança formados actuarão como facilitadores na campanha de sensibilização. O objetivo desta campanha de sensibilização é disseminar o conceito de mudança climática, crédito de carbono e o seu impacto na forma de desastres naturais de uma forma fácil de entender.

Atividade 3.1: Identificar as necessidades específicas da aldeia e das comunas :
As necessidades específicas das aldeias e comunas serão identificadas

utilizando a informação de base sobre a avaliação global da vulnerabilidade, das necessidades e das capacidades (atividade 1). Este processo de avaliação das necessidades será levado a cabo por agentes de mudança formados (líderes de organizações de massas), com a ajuda da equipa do projeto.

Atividade 3.2: Processo de planeamento ao nível da aldeia e da comuna: Com base nas necessidades identificadas e num cenário simplificado de alterações climáticas, o processo de planeamento dará prioridade às acções a tomar para enfrentar os impactos das alterações climáticas. Agentes de mudança formados facilitarão o processo de planeamento. Será desenvolvida uma matriz de tarefas, partes interessadas e recursos com base nas prioridades locais. Esta será uma abordagem orientada para o processo, e não para o produto, com o objetivo de sensibilizar os indivíduos e as comunidades. Os planos da aldeia e da comuna serão combinados para formar um plano distrital e um quadro de ação.

Atividade 4.1: Execução de subprojectos de demonstração seleccionados: Os subprojectos de demonstração seleccionados serão executados em comunas e aldeias seleccionadas. Os subprojectos serão seleccionados com base nas necessidades locais e nos compromissos das aldeias e comunas,
a disponibilidade de contribuições locais e em conformidade com o planeamento e a estratégia distritais.

Atividade 4.2: Processos de formação e de sensibilização: Estes subprojectos serão também considerados como instrumentos de formação e de sensibilização. Os subprojectos de demonstração serão vistos como as sementes de futuros projectos de maior dimensão nas comunas e aldeias.

Atividade 5.1 Desenvolvimento de um modelo comunitário de adaptação às alterações climáticas: Com base na experiência adquirida durante o processo de implementação, será desenvolvido um modelo para uma aplicação mais ampla em diferentes contextos socioeconómicos.

Atividade 5.2 Divulgação de informação: Serão realizados quatro workshops para divulgar os benefícios do projeto e a estratégia de sustentabilidade a nível distrital, provincial e nacional.

As actividades supramencionadas estarão em conformidade com a estratégia global de redução da pobreza e de crescimento da Tanzânia, que identifica o desenvolvimento agrícola sustentável, a gestão dos recursos naturais e a atenuação das catástrofes naturais como sectores importantes para reduzir a pobreza nas zonas rurais, incluindo as zonas vulneráveis, e melhorar assim a segurança humana.

3.0 Plano de trabalho e relatórios

O projeto decorreu durante 12 meses. Uma parte significativa do tempo foi dedicada à implementação de iniciativas locais, trabalhando com as comunidades e os governos locais em questões de planeamento e sensibilização.

TASK	TIME (Months)											
	1	2	3	4	5	6	7	8	9	10	11	12
Study and analyze climate change impacts on communities and its livelihoods in the case study district in Iringa district.												
Undertake training and awareness raising programs in the village, commune and district through creation of climate change scenario.												
Commune and district level												
Implement demonstration projects under the safer village / commune/ district plans												
Monitor and analyze the												
implementation process, and development of community based climate change adaptation model.												

ATELIER
3.1.0 Produtos e resultados esperados
Os resultados esperados são os seguintes:
<u>Resultado 1.1</u> Mapa das partes interessadas e dos recursos
<u>Resultado 1.2</u> Relatório de avaliação da vulnerabilidade, das capacidades e das necessidades
<u>Resultado 2.1</u> Pessoal e mão de obra formados
<u>Resultado 2.2</u> Cenário simplificado de alterações climáticas
<u>Resultado 2.3</u> Sensibilização das populações e das comunidades para os

impactos das alterações climáticas.

Resultado 3.1 Avaliação das necessidades específicas a nível da aldeia e da comuna

Resultado 3.2 Planos de aldeia e de comuna mais seguros, plano e quadro de ação a nível distrital e sensibilização dos aldeões e dos membros das comunas.

Resultado 4.1 Subprojectos de demonstração

Resultado 4.2 Sensibilização dos indivíduos e das comunidades

Resultado 5.1 Modelo comunitário de adaptação às alterações climáticas

Resultado 5.2 Relatórios, publicações e divulgação de informações.

Os resultados do projeto são as fontes de água, a conservação da biodiversidade, as catástrofes florestais e as comunidades resistentes à pobreza, capazes de fazer face às alterações climáticas, que constituem uma questão ambiental importante. A estreita ligação entre a comunidade e o governo local também é vista como um resultado importante do projeto.

Os indicadores de desempenho serão: 1) participação da comunidade na formulação do Plano de Aldeia Mais Segura (número de membros e líderes da comunidade), 2) contribuição da comunidade para a implementação do subprojecto (montante), e 3) contribuição do governo local para a implementação do subprojecto (montante, participação do governo local). O indicador de resultados será o início de acções e a integração dos resultados do projeto nos planos e políticas distritais e divisionais, bem como a disseminação da experiência para outras partes do distrito.

4.0. Impacto das alterações climáticas nas doenças

Os impactos das alterações climáticas em sectores como a agricultura, a água, a saúde, a energia e outros foram a força motriz por detrás da preparação do Programa de Ação Nacional de Adaptação da Tanzânia (NAPA). Após dois anos de recolha e análise exaustiva de informações e dados, bem como de consultas alargadas, foi concluído o projeto de preparação do PANA da Tanzânia. Este projeto foi preparado com o objetivo principal de identificar e promover actividades que respondam às necessidades urgentes e imediatas de adaptação aos efeitos adversos das alterações climáticas. A tónica foi colocada nas necessidades de adaptação nos sectores da agricultura, da água, da energia, da saúde e da silvicultura.

Prevê-se que os micróbios se desenvolvam melhor num mundo mais quente e que o aumento da precipitação crie as condições adequadas para o desenvolvimento dos vectores aquáticos. Os vírus transmitidos por mosquitos que causam a febre hemorrágica mortal e a febre amarela, que se pensava terem sido erradicados na década de 1940, estão agora presentes na América do Sul e Central (National Geographic, fevereiro de 2002). A febre do dengue está a aumentar no continente africano, nas Caraíbas e no sul dos Estados Unidos. Os casos de dengue notificados nos países membros do CAREC em 2000 e 2001 foram significativamente mais elevados na última parte do ano, coincidindo com o período mais húmido para muitos países, de setembro a novembro.

No caso da Tanzânia, a malária é a principal causa de morte no país, sendo responsável por cerca de 16% de todas as mortes registadas. Dadas as tendências actuais em termos de precipitação e temperatura, a frequência e o impacto da malária aumentarão ainda mais. O estudo V.A.R. revela também que a malária é um dos quatro principais riscos para a saúde notificados a nível da aldeia, do distrito e do país. As outras doenças mais importantes na Tanzânia são a disenteria, a cólera e a meningite. Considera-se que a transmissão da malária é mais elevada quando as temperaturas e a humidade são altas, após a estação das chuvas. Devido a alterações nos padrões de temperatura e pluviosidade, observou-se que a epidemia de paludismo se propagou a partes das terras altas de Tanga, Kilimanjaro e Arusha (zonas não tradicionais de paludismo) onde a doença não estava generalizada. Quanto mais abundante for a precipitação, mais vectores da malária são atraídos, levando a um aumento da incidência da malária em todo o país. Além disso, o estudo de Kangalawe e Yanda (2004) indica que o paludismo é endémico nas terras baixas, mas instável nas terras altas da região do Lago Vitória, e que há uma progressão da doença para as terras altas. O estudo indica também que as mulheres e as crianças são mais vulneráveis à malária do que os homens devido ao papel que desempenham na sociedade e que a pobreza influencia a adaptação à malária/cólera na região.

Não há provas reais que liguem os recentes surtos de infecções virais ou bacterianas potencialmente fatais na região às alterações climáticas. No entanto, no futuro, a Tanzânia terá de se preocupar com as ameaças de doença a dois níveis: os turistas que infectam a população local e os visitantes que são infectados localmente.

As epidemias em destinos turísticos atraem rapidamente a atenção dos meios de comunicação social, o que pode ter um impacto negativo no sector do turismo. O CAREC recebe regularmente pedidos de informação de turistas que procuram informações sobre epidemias e outras questões de saúde. Prevê-se que esta tendência aumente à medida que os viajantes globais prestam mais atenção à saúde e a um estilo de vida sem doenças.

5.0. Avaliações dos subprojectos e divulgação de informações
O acompanhamento e a análise regulares serão efectuados ao longo de todo
o processo de execução, com a publicação periódica de um relatório de
acompanhamento e de boletins informativos, destacando as realizações. A
nível nacional, a Autoridade Nacional de Gestão do Ambiente (ANGA) será a
principal plataforma de divulgação. Os resultados periódicos serão divulgados
a nível nacional através da NEMC. Serão organizados seminários trimestrais e
finais nas divisões e a nível nacional, respetivamente. Serão preparados e
amplamente divulgados relatórios e CD-ROMs. Os resultados do projeto serão
igualmente divulgados no sítio Web do CCDO e na página Web do canal
recomendado pelo doador do projeto. Como já foi referido, as actividades
serão orientadas para a prática e não para o produto. Estes processos são
vistos como instrumentos para: i) um maior envolvimento das partes
interessadas, ii) a transferência da propriedade para as pessoas e
comunidades, e iii) assegurar a sustentabilidade após a conclusão do projeto.
A sustentabilidade do processo será assegurada pela adaptação dos
resultados do projeto aos planos e políticas de desenvolvimento local. Ao
nível da comunidade, o projeto trará benefícios duradouros para a população,
assegurando as suas vidas e meios de subsistência em caso de incêndios
florestais, através da execução das actividades do projeto.

5.1.0. Pode ser reproduzido/utilizado noutros CCO
A experiência da Tanzânia não é única e limitada a este país. Os impactos das
alterações climáticas têm sido significativos nos últimos dias noutras partes
da Tanzânia, causando danos significativos à agricultura e aos meios de
subsistência das pessoas. O modelo de adaptação às alterações climáticas
permitirá que as actividades propostas sejam ampliadas e reproduzidas
noutros projectos e programas de adaptação do CCDO.

5.1.1 Estratégias de adaptação e definição de prioridades
Uma nutrição adequada, uma boa saúde, o acesso a água potável limpa e
segura e a energia suficiente para utilizações domésticas e industriais são
factores essenciais para sustentar os meios de subsistência e o crescimento
económico. A atual seca provocou uma grave escassez de alimentos,
conduzindo à insegurança alimentar e à fome. Por conseguinte, são
necessários esforços consideráveis para garantir a segurança alimentar a
nível nacional e familiar e para permitir que as comunidades rurais gerem
rendimentos a partir das suas actividades agrícolas. No âmbito deste projeto,
serão adoptadas várias estratégias existentes e estratégias de adaptação
identificadas em cada sector pela equipa da PANA.
Os elementos específicos da estratégia de aplicação são os seguintes
Preparação dos estudos de base necessários sobre os aspectos
socioeconómicos relacionados com o género
A preparação de acordos rentáveis, viáveis e económicos (planos de gestão
florestal conjunta) entre as comunidades locais nas três zonas-piloto e as
autoridades distritais, utilizando métodos de planeamento participativo;

Formar e facilitar o trabalho dos comités de gestão dos recursos naturais a diferentes níveis (aldeia, bairro, divisão e distrito) para que assumam o seu papel na implementação dos planos conjuntos de gestão florestal acordados;

1) Fornecer um investimento inicial único para colmatar a lacuna de 20 anos no investimento em florestas naturais nas zonas-piloto, fornecendo financiamento e conhecimentos técnicos;

2) Facilitar o desenvolvimento e a implementação de um Plano de Intervenção do Quadro Florestal Distrital, que permitirá a utilização rentável e sustentável das florestas naturais pelas comunidades locais nas zonas-piloto; e

3) Facilitar e avaliar a aplicação efectiva das políticas formuladas e da legislação conexa pelas autoridades distritais e pelos governos das aldeias nas zonas-piloto, através do estabelecimento de um sistema de acompanhamento e avaliação baseado na comunidade.

5.1.2 Critérios de seleção das actividades de projeto prioritárias

1) Nível ou grau dos efeitos adversos das alterações climáticas
2) Redução da pobreza para reforçar a capacidade de adaptação
3) Custo-eficácia
4) Melhorar os meios de subsistência das comunidades rurais
5) Grupos vulneráveis dentro das comunidades, como os pobres das zonas rurais
6) Custo do projeto
7) Para além das metas e objectivos nacionais
8) Critérios definidos a nível local (por país).

6.0 Saídas
6.1.0 Resultados para satisfazer o primeiro objetivo imediato
Contribuição para o desenvolvimento de sistemas simples, baratos e replicáveis de gestão florestal conjunta (JFM) que poderiam ser aplicados numa vasta área como parte de um projeto de segunda fase;
Foram realizados estudos socioeconómicos, de comercialização, de capacitação das mulheres para gerir os impactos das alterações climáticas, de vegetação e de biodiversidade nas zonas-piloto, a fim de apoiar os planos de gestão e estabelecer indicadores para monitorizar os impactos;
Planos conjuntos de gestão florestal para cada área-piloto apresentados para aprovação, e instituições da aldeia capazes de implementar os planos. Isto incluiria o cumprimento dos requisitos legais e a gestão dos benefícios de uma forma socialmente sustentável;
Os limites das aldeias e das florestas nas áreas-piloto foram levantados (quando necessário), cartografados e demarcados em colaboração com as comunidades locais e as autoridades competentes (por exemplo, o Gabinete Distrital de Desenvolvimento Fundiário e a Divisão Florestal e Apícola);
Apoiar actividades destinadas a melhorar a gestão florestal nas zonas florestais visadas e os recursos florestais fora dessas zonas;
1) Apoio à comercialização de produtos florestais e às alterações climáticas para promover a educação; e Criação de um sistema de acompanhamento e avaliação.

6.1.2 Resultados destinados a atingir o segundo objetivo imediato
Contribuição para actividades seleccionadas a nível distrital destinadas a desenvolver capacidades para melhorar a utilização e a gestão dos recursos naturais;
Identificar e desenvolver sistemas locais de geração, recolha e retenção de receitas que proporcionem incentivos sustentáveis para uma melhor gestão dos recursos florestais;
Formação e reforço das capacidades a nível distrital para o pessoal técnico e administrativo do MDC (Conselho Distrital de Iringa e CCDO);
Projectos de investigação e bibliografias apoiadas; e
Criar as estruturas de gestão, o pessoal, o equipamento, os veículos e os edifícios necessários à execução do projeto.

7.0 Participação da comunidade na gestão das florestas e dos recursos naturais

7.1.0 Processo e metodologia de execução do projeto

A gestão florestal conjunta (JFM) e a gestão florestal baseada na comunidade (CBFM) exigem a participação das comunidades locais a vários níveis.

No JFM, a comunidade é o único utilizador, enquanto o governo continua a ser o proprietário. Em Iringa, por outro lado, os aldeões são simultaneamente proprietários e utilizadores do recurso. No entanto, em ambos os casos de colaboração, o apoio técnico deve ser fornecido pela perícia do pessoal dos recursos naturais.

A execução bem sucedida das actividades do projeto exigiu compromissos firmes de todas as partes interessadas, uma colaboração estreita com outras instituições e uma coordenação harmonizada das componentes do projeto, graças ao envolvimento multidisciplinar de todos os principais executores.

Os aldeões que vivem perto das florestas estão principalmente envolvidos no processo de planeamento e implementação, o que torna o programa participativo por natureza.

É encorajada a consciencialização dos aldeões para o valor da floresta e para a sua posição importante na mesma. Dentro das reservas, os aldeões são envolvidos principalmente no controlo e na medida em que podem beneficiar da reserva de forma harmonizada. Em geral, são criados sistemas de posse da terra e de silvicultura que apoiam a capacitação da comunidade. Os sistemas são formais ou informais e utilizam métodos e redes que vão desde reuniões regulares até à formulação de termos de referência (directrizes). A partilha de benefícios é relativamente transparente.

7.1.1 Produção

Os êxitos do projeto são os seguintes:

Reforço das capacidades dos habitantes das aldeias e do pessoal técnico, melhoria da gestão florestal facilitando a mobilidade do pessoal e sensibilização dos habitantes das aldeias para a conservação das florestas, em especial para a gestão conjunta das florestas e para as estratégias comunitárias.

Foram também realizadas actividades como levantamentos aéreos e cartografia, e a recolha de dados florestais através de estudos e inventários zoológicos e botânicos. Foi mantida a coordenação com outras instituições, tais como o Programa de Sementes de Árvores (NTSP), Hifadhi ya Mazingira (HIMA), Parque Nacional da Montanha Udzungwa (UMNP), Instituto de Investigação Florestal da Tanzânia (TAROFI), Universidade de Dar es Salaam (UDSM) e organizações não governamentais (ONG).

Foi alcançado um sucesso notável na atividade de marcação dos limites da floresta, em que inicialmente os aldeões estavam muito relutantes em chegar a um compromisso sobre a definição dos limites. Mais tarde, os aldeões foram informados sobre a abordagem e a utilização planeada dos recursos (gestão florestal conjunta), o que os levou a mudar de atitude. Os aldeões defenderam a inclusão de mais terras na área de conservação. Do mesmo modo, na sequência da criação de comités de recursos naturais da aldeia e da identificação participativa dos seus papéis, a exploração ilegal dos recursos naturais foi mais exposta e os comités mostraram um grande interesse em participar nas actividades de conservação. Além disso, o sucesso inclui uma forte procura por parte dos aldeões para a plantação de espécies de árvores nativas, tais como Afzelia e Pterocarpus Angolensis, o que se atribui ao facto de sentirem que é importante promover estas espécies, que estão a diminuir a um ritmo alarmante.

As mulheres mostraram grande interesse em gerir os seus pequenos viveiros, dando prioridade a espécies adequadas para lenha. No total, 100.000 mudas de árvores polivalentes foram criadas e plantadas na área do projeto de forma participativa.

7.1.2 Potenciais obstáculos à implementação

A Tanzânia reconhece a importância e a urgência de abordar as questões relacionadas com as alterações climáticas, uma vez que estas afectam os meios de subsistência sustentáveis de todos os tanzanianos. Daí a necessidade urgente de implementar as opções de adaptação propostas no documento NAPA. No entanto, a execução destas actividades pode deparar-se com uma série de obstáculos. Estes têm de ser resolvidos para que as actividades propostas possam ser implementadas sem problemas.

Para além da sua capacidade interna limitada para financiar as actividades de adaptação, a Tanzânia está igualmente condicionada por vários factores, nomeadamente (i) a extrema pobreza dos grupos mais vulneráveis, (ii) as más infra-estruturas, em especial as estradas rurais em mau estado, que dificultam o acesso às zonas rurais, o que resulta em dificuldades de fornecimento de factores de produção agrícola e de acesso aos mercados, (iii) oportunidades limitadas de crédito por parte das comunidades rurais para permitir que os agregados familiares tenham acesso fácil aos factores de produção agrícola, (iv) o impacto do VIH/SIDA, que provoca uma perda significativa de energia, dinheiro e alimentos para as famílias, (v) as más condições de saúde das comunidades rurais com poucos recursos e (vi) a capacidade analítica limitada do pessoal local para analisar eficazmente as ameaças e os impactos potenciais das alterações climáticas, de modo a desenvolver soluções de adaptação viáveis.

7.1.3 Resumo das lições aprendidas

Durante o processo de execução, verificou-se que a falta de seriedade na aplicação da lei a todos os níveis constituía um obstáculo à participação da população na gestão dos recursos naturais e, por conseguinte, ao acesso ilegal às reservas florestais. Em termos de pessoal, o projeto identificou a fraqueza e a inadequação da mão de obra formada, tanto a nível técnico como a nível das aldeias, como constrangimentos à gestão sustentável das florestas naturais.

A experiência demonstrou que a perceção da comunidade sobre a gestão das florestas naturais (florestas de miombo), a conservação das fontes de água e o baixo nível de participação das mulheres são as principais causas do fracasso na realização do objetivo de gestão sustentável dos recursos.

De acordo com os relatórios dos inquéritos socioeconómicos, vários acontecimentos ocorridos nas reservas florestais, como incêndios, exploração ilegal, pastoreio, etc., poderiam ter sido minimizados através da aplicação dos conhecimentos técnicos indígenas existentes na comunidade.

O acompanhamento das actividades do projeto tem sido um processo lento, o que levou a que algumas questões não fossem abordadas. A falta de fontes alternativas de lenha foi considerada como um grande obstáculo à redução da invasão florestal. No entanto, mais de 90% dos habitantes do país dependem da lenha como única fonte de energia doméstica. Consequentemente, existe uma elevada taxa de utilização económica da lenha nas florestas. O mercado dos produtos florestais não lenhosos é insuficiente. A venda de produtos florestais e de plantas medicinais poderia contribuir para aumentar o rendimento per capita.

Os conflitos nos sistemas de uso da terra entre diferentes utilizadores da terra, tais como agricultores, pastores e conservacionistas, têm sido um problema para a maioria dos aldeões dentro e fora da área do projeto. Isto deve-se à falta de limites e de planos de uso da terra na maioria das aldeias.

7.1.4 Principais recomendações sobre a execução do projeto

Y Os membros do CCDO precisam de mais formação e deve haver mais discussão com os aldeões sobre o papel dos comités;

Y O projeto deve organizar mais reuniões públicas ao nível das sub-aldeias e garantir que as actividades de sensibilização não se concentrem nos CCDO e nos conselhos de aldeia;

Y Na medida do possível, as actividades ao nível da aldeia devem refletir as prioridades da aldeia. O projeto deve explicar o objetivo das actividades que não estão incluídas nos planos das aldeias ou às quais as aldeias atribuíram baixa prioridade; O projeto deve ter constantemente em conta o facto de que a maioria dos utilizadores primários dos recursos naturais são pobres. Embora interessados em melhorar as estratégias de gestão, são obrigados a dar prioridade a considerações económicas a curto prazo;

Y A estratégia de apoio ao reforço das capacidades não só dos CCDO mas também dos conselhos de aldeia é louvável. É necessário apoiar a capacidade dos conselhos de aldeia para tomarem decisões participativas, implementarem o planeamento e manterem a contabilidade; e se o projeto pretende assegurar que as pessoas mais dependentes das questões de gestão dos recursos naturais sejam plenamente envolvidas nas actividades do projeto, deve visar os mais pobres e não toda a população da aldeia.

7.1.5. Análise do quadro lógico (AFL)

Summary	Outreach	Expected results	Indicators (Performance measurement)	Risk Analysis and Rating
Project Goal	Beneficiaries	Impact	Indicators	
Contribute to reducing vulnerability to loss of life and economic loss from the adverse impacts of climate change in drought & flood prone areas of Tanzania by improving capacity at the national and local level to develop adaptation strategies.		Increased adaptive capacity and reduced vulnerability to impacts of climate change in Tanzania	Disaster impact indicators - Economic loss - Injury and loss of life -Social loss	Risk 1: Moving from reactive/coping approach to planning to anticipatory adaptation is a significant challenge. Rating: Medium Mitigation: Identify motivated partners at each local level for pilot projects and policy feedback
Project Purpose	Beneficiaries	Outcome	Outcomes Indicators	Risks
To enhance human security in Southern Regions of Tanzania to cope with the climate change impacts in the form of natural disasters like flood, HIV and	3 communes in Makete district total population = 80,000 21 commune officials 6 District	1) Improved capacity of villagers, commune and district officials to incorporate community-based adaptation	Ability of local officials to assess factors of vulnerability and project future risks Ability of local officials to identify and include	Risk 2: Resistance to bottom-up planning and feedback from local-level experience must be overcome. Rating: Low

drought	officials 3 National Ministries (NEMC, CCDO Office,) 4 Provincial Departments (Forest, Agriculture, NEMC ,District Councilors, Ward Councilors, community leadership, Fishery, Science and Technology) , 8-10 NGOs and one University	strategies into local development plans. 2)Improved livelihood options for adaptation to climate change adopted in targeted communities	adaptation measures to reduce vulnerability into local development plans % Participation of women in planning process for adaptation District and Provincial program for natural disaster mitigation adopts one strategy for community-based adaptation to climate change.	Mitigation: Work within government policies to promote bottom-up planning and demonstrate benefits in terms of improving profile of national ministries at community level.
Summary	Outreach	Expected results	Indicators (performance measurement)	Risk Analysis and Rating
<u>Activity</u> Strengthening disaster preparedness (early warning, evacuation and rescue at the village level). Training and formulation of "Safer village" disaster mitigation plan Support to implementation of "safer village" plans – small projects Capacity development on best practices for disaster resistant housing and public	6 villages in 3 communes around 600 households (3000 women, men and children) 21 commune officials 3 Commune level FUs or Agricultural co-ops	Output 1 Impacts of climate change on communities and its livelihoods are analyzed, documented and disseminated	Ability of village groups and commune officials to conduct risk assessments and identify adaptation measures (safer village plans). Number of women and men demonstrating acquired competencies for disaster preparedness (DP plan in place, knowledge and application of DP plan, evacuation, emergency	Risk 3: Resistance to changing reactive practices for anticipatory adaptation must be overcome. Rating : Medium Mitigation: Identify motivated partners at the local level for pilot projects. Support application of new knowledge by co-financing

			response) Number of households applying new practices and techniques for adaptation (reduce risk to person, property, assets and livelihood)	pilot projects.
buildings. Strengthening outreach services on agricultural techniques for mitigating impact of climate change.				
<u>Activity</u> Training to villagers, commune and district on 'safer' village planning, land use planning, housing practice Information sharing and awareness with NEMC and responsible province department (MARD) to ensure both policy-feedback and coordination with provincial priorities.	6 district officials 21 commune officials	Output 2 Increased capacity of the village, commune and district officials through training and awareness rising programs to support adaptation measures ('safer' land-use planning, safer housing practices, etc.).	Ability of commune and district officials to conduct participatory risk assessments that address needs of women and men. Number of workshops/ meetings where lessons learned (best practice for adaptation, gender in disaster mitigation) is disseminated to policy-makers, donors and NGOs. % Participation of women in commune and district level capacity development activities	Risk 4: District and commune put priority on other sectors over disaster mitigation and adaptation. Risk 5: Major flood focuses resources and energies on immediate needs for relief and reconstruction versus adaptation. Rating: High Mitigation: Integrate DM and adaptation into support for reconstruction.
<u>Activity</u> Technical support to delivery of services of commune and district officials for Safer Village program.		Output 3 Capacity of the village, commune and district level officials conduct participatory planning process	New guidelines for land-use planning and/or safer housing practice are formulated and applied	Risk 6: Resistance to incorporating new tools into planning systems. Rating: Low Mitigation: Identify motivated partners at

		(safer village plan, land Use plan, Commune and District DP plan) are improved		the local level for pilot projects. Provide strong support in early stages of planning with phase out plan. Support application of new knowledge by co-financing pilot projects.
<u>Activity</u> Co financing of sub project identified in safer village plan (safer land use plan, etc.) Document and disseminate information on impact of climate change at community level and lessons learned about approaches to adaptation. Collaborate with other national and international programs to conduct Workshop on impact of climate change at community level and priority actions at national level to support community-based adaptation strategies.	4 Provincial Departments (NEMC, Agriculture, Livestock, District Council, Ward Councilors, Food Security, Village leadership, etc, Fishery, Science and Technology) 4 voluntary/mass organisation (Women's, Farmer's, Youth Union, Provincial Red Cross)	Output 4 Demonstration of sub-projects under the safer village/ commune/ district plans are implemented Output 5 To monitor and analyze the implementation process, and development of Community Based Climate Change Adaptation Model	One intervention for community-based adaptation is replicated. (by province, national or international organisation)	Risk 7: Resistance to bottom-up planning and feedback from local-level experience must be overcome. Rating: Low Mitigation: Work within government policies to promote bottom-up planning and demonstrate benefits in terms of improving profile of national ministries at community level.

7.1.6 Resultados e situação da aplicação

Com base na subvenção concedida pelo PNUD no âmbito deste projeto, as crianças A Organização para o Desenvolvimento dos Cuidados de Saúde (CCDO) formou com sucesso os 173.413 habitantes dos distritos rurais de

Iringa sobre todo o conceito de adaptação às alterações climáticas e as medidas de mitigação associadas.

De facto, este estudo tem a sua origem em muitas situações observadas na Tanzânia e em comunidades de outros países em desenvolvimento. De um modo geral, verificou-se um certo número de conflitos fundiários entre e no seio de várias comunidades, bem como uma grande procura de recursos naturais, nomeadamente água e florestas (fonte de desflorestação) para diversas utilizações, incluindo as culturas itinerantes e o sobrepastoreio. Estes são os principais factores de destruição do ambiente, em particular das fontes de água, nomeadamente o Grande Rio Ruaha e o seu vale, que afectam as actividades agrícolas, o turismo baseado no Parque Nacional de Ruaha, em Pawaga e noutras zonas, e as comunidades locais.

A divisão de Pawaga é uma das três divisões do Conselho Distrital de Iringa (IDC) na região de Iringa.

684.3 quilómetros quadrados, com 12 aldeias e 60 aldeias, foram marcados por vários conflitos. Pawaga foi escolhida para o estudo deste projeto porque é um dos focos de conflitos de terra no distrito de Iringa. O facto de Pawaga ter planícies e vales (situa-se no Vale do Elevador) que atraem a pastorícia e a agricultura, bem como o facto de fazer fronteira com o Parque Nacional de Ruaha, fizeram dela um campo de batalha para interesses concorrentes. Estes factores alimentaram os conflitos entre os diferentes grupos em torno dos recursos disponíveis.

Na divisão de Pawaga, continuam a registar-se conflitos entre agricultores e pastores. Estes conflitos devem-se a uma série de factores, incluindo a má gestão da utilização das terras nas aldeias, a escassez de fontes de água para alimentar o gado e as actividades de irrigação, uma vez que os agricultores das zonas de Pawaga dependem do sistema de irrigação para cultivar arroz devido às alterações climáticas e à seca na região. Os conflitos de terra também foram causados pela luta por recursos como a água entre utilizadores a montante e a jusante. Estes conflitos levaram o CCDO a efetuar um estudo de base sobre os impactos dos investimentos fundiários nas comunidades rurais do distrito rural de Iringa, onde se constatou que o governo central da Tanzânia e os governos locais de Pawaga e Isimani tomaram menos medidas legais para resolver os conflitos fundiários existentes. No entanto, a equipa do CCDO não pode culpar o referido governo local, uma vez que se verificou que o desconhecimento das leis de execução relativas à conservação do ambiente e das leis relativas à resolução de conflitos fundiários continua a ser um obstáculo à resolução dos conflitos existentes.

8.0 Resumo
8.1.0 Conflitos entre comunidades nas áreas de estudo
A principal fonte deste conflito é a escassez de água para pastagem e agricultura, que flui do grande rio Ruaha para a barragem de Mtera, que também está a passar por uma crise de água, o que leva a uma escassez de eletricidade. O governo encerrou a produção de eletricidade na barragem de Mtera devido à escassez de água. No entanto, este projeto centra-se nas razões da diminuição da água do grande rio Ruaha, que, na realidade, se prendem com a má conservação do ambiente na região de Iringa, em particular nas áreas visadas pelo projeto.

8.1.1 Abordagens de formação
Para realizar todas as actividades previstas para alcançar os objectivos do projeto, o CCDO utilizou as seguintes abordagens: - o projeto foi executado através de um grupo de trabalho constituído por representantes do governo e da sociedade civil.
1. Sensibilizar os líderes da comunidade local para as leis e regulamentos disponíveis para proteger o ambiente.
2. Apresentação de um vídeo nas reuniões de massas dos aldeões de Pawaga e Isimani para aprender com outras regiões sobre as formas mais eficazes de preservar o ambiente (terra e fontes de água).
3. Um dos incentivos foi a criação de um clube ambiental na aldeia. As actividades do clube incluíam danças de tambor e representações teatrais com uma mensagem sobre medidas de proteção ambiental, futebol, netball e cantores. Todas estas actividades tinham como objetivo proporcionar educação ambiental aos agricultores.
4. Organização de reuniões de assembleias de aldeia e de sub-aldeia durante as quais tivemos a oportunidade de discutir com os aldeões possíveis soluções/caminhos a seguir que, uma vez aplicados, poderiam contribuir para preservar o ambiente e combater os conflitos fundiários.

8.1.2 Estado da formação
Durante a formação do CCDO, observou-se que os principais *factores* que alimentam estes conflitos fundiários são, entre outros, o fraco crescimento económico a nível individual e local, as reformas deficientes da legislação fundiária que não contemplam medidas e um interesse renovado na formalização da propriedade fundiária. Estes e outros factores parecem combinar-se para intensificar os conflitos existentes e, por vezes, criar novos conflitos, nomeadamente entre os investidores locais e estrangeiros, por um lado, e os proprietários ou utilizadores de terras, por outro.
Durante o diálogo entre os facilitadores do CCDO para o workshop, as formações e as reuniões públicas realizadas com os participantes, houve um apelo ao reforço de capacidades sobre a necessidade de apoiar iniciativas de adaptação baseadas na comunidade para fazer face aos efeitos adversos das alterações climáticas nas divisões de Pawaga, Isimani e Kalenga, que citaram uma grave crise de desflorestação e escassez de água, bem como a destruição ambiental em geral, provavelmente nas áreas circundantes do município de

Iringa. De acordo com os entrevistados, as áreas que necessitam de reforço de capacidades nas divisões do projeto no contexto dos sistemas de irrigação incluem, mas não se limitam a, questões organizacionais, incluindo liderança e constituição, planeamento e implementação de projectos, orçamentação, gestão financeira básica, incluindo a cobrança de receitas dos sistemas de irrigação. De acordo com outros entrevistados, espera-se que cada utilizador de água contribua com 5% do seu próprio rendimento para os sistemas de irrigação, compreendendo as questões da política de utilização da água.

Com base no acima exposto, o CCDO conseguiu, até à data, organizar mais de 50 workshops de arranque em diferentes bairros de Pawaga, Kalenga e Isimani, nos distritos rurais de Iringa, durante os quais a Sra. Mvanda, responsável pela gestão ambiental a nível distrital, dirigiu workshops de formação. O primeiro workshop destinou-se aos chefes de aldeia e à comunidade de Pawaga, enquanto o segundo se destinou às organizações comunitárias e da sociedade civil de Pawaga e do distrito de Iringa em geral.

O terceiro destinava-se aos decisores e outros intervenientes a nível distrital. Um dos objectivos destes primeiros workshops era identificar as áreas de intervenção dos vários intervenientes e os esforços dos diferentes actores.

Além disso, o CCDO conseguiu preparar vários manuais de formação em matéria de ambiente, apoiando iniciativas de adaptação baseadas na comunidade para fazer face aos efeitos adversos das alterações climáticas na Tanzânia, manuais de formação, brochuras, um livro sobre educação ambiental para professores, que serve de guia para os professores que devem ensinar o ambiente nas escolas primárias da Tanzânia, como mostram os manuais de formação anexos ao presente relatório, que explicam melhor o PNUD.

Durante a discussão do projeto e a formação com os membros da comunidade de Pawaga, Kalenga e Isiman, foi dito que o distrito selecionado neste programa é fortemente afetado pela seca, fome, pobreza, destruição das fontes de água ao longo do Grande Rio Ruaha, que corre para a barragem de energia de Mtera, devido a actividades agrícolas não planeadas que causaram a perda de água, resultando em conflitos intermináveis entre agricultores e pastores nas divisões de Pawaga e Isiman. Propuseram melhores formas de controlar a prevalência das alterações climáticas nos seus distritos, defendendo a necessidade de ajudar mais sementes de árvores que serão plantadas e distribuídas aos grupos de igrejas, aldeias e indivíduos formados, nos quais todas as comunidades serão educadas e sensibilizadas através da criação de uma maior consciência sobre a plantação e proteção de árvores, para permitir que as pessoas amem e protejam o ambiente enquanto ainda são demasiado jovens, a fim de melhorar o crescimento e a sustentabilidade do ambiente. De facto, a maioria das pessoas interrogadas sobre o seu conhecimento das alterações climáticas e da conservação das fontes de água respondeu que não tinha o hábito de plantar árvores domésticas no seu ambiente e nas suas explorações agrícolas. Assim, tomaram consciência das suas fraquezas anteriores e gostariam de estar mais conscientes das alterações climáticas e dos seus efeitos nocivos para a sustentabilidade do seu ambiente.

Muitos participantes pediram ajuda para obter mais sementes de árvores para plantar durante a próxima estação das chuvas, em dezembro de 2015. Outros acrescentaram que ainda estão atrasados no conceito de adaptação às alterações climáticas e sua mitigação associada, disseram que nas suas aldeias não há sensibilização para a educação ambiental devido ao facto de há muitos anos terem sido distribuídas sementes de árvores às pessoas, mas elas não as plantaram, em vez disso, destruíram essas sementes porque não compreenderam as vantagens e benefícios da plantação de árvores nas suas áreas. Prometeram apoiar as iniciativas que serão tomadas pelos comités de fontes de água que formaram e assegurar o seu bom funcionamento com base nas técnicas de conservação da água que lhes foram fornecidas pelo CCDO. Todos eles prometeram trabalhar no sentido de disseminar a educação sobre as alterações climáticas e a conservação das fontes de água junto dos seus vizinhos na aldeia e nas comunidades exteriores.

No entanto, descobriu-se que uma das razões pelas quais as pessoas das aldeias de Pawaga, Kalenga e Isimani não utilizam mecanismos de proteção ambiental é a falta de conhecimento das leis, regulamentos e princípios ambientais que foram estabelecidos pelo Estado para fornecer orientações sobre a conservação ambiental. Este desconhecimento das leis locais faz com que estas comunidades locais não possam adotar as leis, tratados e convenções internacionais sobre a proteção do ambiente. A investigação do CCDO sobre este aspeto da plataforma jurídica ambiental resultou num plano que, na próxima fase, em 2016, incluirá ativamente a prestação de educação jurídica ambiental às populações locais em Pawaga, Kalenga e Isimani, para as fazer compreender os impactos legais do envolvimento em tais actividades prejudiciais ao ambiente, que têm sido, de facto, uma fonte de disputas de terras entre pastores e agricultores. Este programa/fase de educação jurídica ambiental começará por educar o governo local sobre as leis ambientais em vigor e, em seguida, a população-alvo de Pawaga, Kalenga e Isimani *(sublinhado nosso)*.

No que diz respeito à educação ambiental, o CCDO estará pronto para intentar acções judiciais contra os infractores das leis ambientais, depois de proporcionar educação jurídica ambiental aos líderes do governo local e aos civis em Pawaga, Kalenga e Isimani, e este será um exercício contínuo mesmo depois do fim do projeto.

Os resultados esperados do projeto incluem uma maior sensibilização e compreensão do conceito mais amplo de alterações climáticas, que sensibilizou cerca de 26 000 comunidades locais a absterem-se de acções locais que degradam o ambiente global, a conservação das fontes de água, a criação de viveiros de árvores para distribuição em 25 aldeias identificadas, envolvimento de crianças em idade escolar e jovens no projeto e sensibilização para a adaptação e mitigação das alterações climáticas para uma maior sustentabilidade ambiental, melhorando os fluxos ecológicos no grande rio Ruaha e aliviando o fardo da recolha de água e lenha para as mulheres e raparigas, que são o grupo mais afetado pelos efeitos das alterações climáticas.

8.1.3 Participação das comunidades locais

O projeto financiado consiste em apoiar iniciativas comunitárias de adaptação para fazer face aos efeitos adversos das alterações climáticas em três divisões da União Europeia.

Pawaga, Kalenga e Isimani, no distrito rural de Iringa, na região de Iringa, na Tanzânia, pelo PNUD, envolve as comunidades locais como uma caraterística da sua abordagem de aprendizagem participativa para a sensibilização; o grau de envolvimento varia em função dos resultados previstos do projeto de maior sensibilização e compreensão do conceito mais amplo de alterações climáticas, que sensibilizou cerca de 30 000 civis nas comunidades locais para se absterem de acções locais que degradam o ambiente global, conservou 12 fontes de água na área do projeto, preparou 220 000 mudas de árvores que começarão a ser distribuídas em dezembro de 2015 a todas as famílias da comunidade identificadas que já fizeram a sua encomenda de mudas de árvores, deu formação à escola e à comunidade sobre o conceito de alterações climáticas e os benefícios da conservação das fontes de água e da plantação de árvores nas suas casas e quintas para o seu desenvolvimento sustentável e um ambiente saudável para a sua geração futura, bem como para reduzir a carga de trabalho das mulheres e a desflorestação. É de salientar que a participação da comunidade nas fases iniciais da conceção do projeto é desejável e, em alguns casos, parece que este elemento poderia ser reforçado. Como todos os projectos de base comunitária, o CCDO necessita do contributo das partes interessadas locais para garantir que o conhecimento local seja incorporado na conceção e execução do projeto, a fim de obter benefícios em termos de apropriação e sustentabilidade da abordagem. Os melhores exemplos de participação comunitária mostram como as comunidades podem ser envolvidas na iniciação, conceção, implementação, investigação de ação participativa e monitorização do projeto e colher os benefícios em termos de meios de subsistência. Por exemplo, a participação ativa da comunidade na proteção e conservação do ambiente inclui, na prática, a realização de uma avaliação do impacto ambiental antes do início de qualquer atividade relacionada com o ambiente, em conformidade com as directrizes estabelecidas no relatório da Comissão Presidencial de Inquérito da Tanzânia, de 1999, que deu origem à Lei de Terras de 1999.

8.1.4 Sugestões gerais feitas pelos aldeões durante o curso de formação

O Conselho de Administração do CCDO ficou muito impressionado com o comentário de um dos participantes no fórum multilateral, que apelou aos intervenientes para deixarem de culpar os outros quando as coisas correm mal, mas para desempenharem o seu papel na procura de uma solução. Este comentário foi feito quando os investidores e o governo foram culpados. Agora prova-se que, embora o apelo seja genuíno e relevante, é igualmente importante que os problemas identificados sejam tratados por partes específicas. A este respeito, o governo deve reconhecer a pastorícia como uma atividade económica de subsistência e deve criar infra-estruturas para apoiar a pastorícia.

o seu desenvolvimento. Dos 16 programas agrícolas na Tanzânia, apenas quatro estão na Divisão de Pawaga (URT: 2013). Isto mostra claramente que a agricultura está a expandir-se, tal como a população e os pastores.
É interessante notar que o Parque Nacional de Ruaha e a MBOMIPA na Área de Gestão Florestal ocuparam uma parte significativa das terras de Pawaga. Numa situação em que a pressão sobre a terra aumentou desta forma, o governo deveria trabalhar para melhorar as infra-estruturas e as instituições. É agora dever do CCDO escrever e pressionar o governo para criar infra-estruturas que liguem estas comunidades locais. Os pastores e os agricultores devem unir esforços para encontrar uma solução. No terreno, os seus esforços são desarticulados e têm vozes diferentes sobre o mesmo problema. Têm de parar de lutar, porque nenhum deles é a causa do problema que enfrentam. Afinal de contas, pertencem todos à mesma classe e são vítimas do sistema.
Os investidores têm de compreender que, para que o seu investimento seja sustentável, precisam do apoio das comunidades envolventes. É lamentável que alguns investidores tenham permitido que pastores ricos pastem nos seus blocos de caça mediante pagamento, excluindo assim os pobres que constituem a maioria. Embora as leis e políticas em torno das áreas de conservação da vida selvagem tenham sido desfavoráveis aos pastores, a ciência mostra que os pastores podem coexistir com a vida selvagem. O facto de alguns investidores permitirem que os pastores pastem nas suas terras é uma prova científica disso mesmo. É mais do que tempo de estabelecer um diálogo amigável entre as comunidades, os investidores e o governo, de modo a apoiar os interesses de cada grupo.

3. Situação da produção na divisão de Pawaga
Durante a nossa formação sobre as alterações climáticas e a sua atenuação, verificou-se que as principais actividades económicas nesta divisão são a agricultura e a pastorícia. A agricultura é praticada principalmente no vale de Pawaga. As culturas incluem o arroz, que representa cerca de 90% das culturas cultivadas na divisão, o milho, a fruta, os girassóis e os legumes. Na sequência de melhorias significativas das infra-estruturas agrícolas em Pawaga, a divisão passou de uma zona de défice alimentar para uma zona de excedente alimentar.
A divisão de Pawaga vende atualmente arroz, quando há alguns anos recebia ajuda alimentar. O arroz é cultivado por pequenos agricultores. Os agricultores não participam na cadeia de valor agrícola, transformando o arroz em arroz. Vendem o arroz a intermediários que o transformam e o vendem a comerciantes na cidade de Iringa e noutras zonas urbanas distantes de Iringa. Estes intermediários e comerciantes obtêm mais lucros do que os agricultores.
Para além da agricultura, a pastorícia é outra atividade económica importante em Pawaga. Como as áreas são mais férteis, o ambiente é propício às actividades pastoris, pois há pasto e água suficientes para os animais. Os animais criados no vale de Pawaga incluem vacas, cabras, ovelhas, frangos e galinhas. Consequentemente, o crescimento das actividades agrícolas e pastoris está a criar uma forte procura de água, terra e pasto, levando a conflitos entre agricultores e pastores. Enquanto a agricultura é praticada

principalmente no vale do Pawaga, a pastorícia é praticada nas terras altas. No entanto, estas terras altas, reservadas ao pastoreio, carecem de pasto e água suficientes para o gado. Por conseguinte, o gado tem de ser conduzido para o vale do Pawaga para ser abeberado. Antes de chegar aos pontos de abeberamento, o gado passa necessariamente por quintas.

Foi dito que, devido à presença de seca nestas divisões, a maioria das pessoas foi introduzida em novas culturas resistentes à seca, como o amendoim e o girassol, para a sua subsistência. As pessoas afirmaram que a destruição do seu ambiente provocou problemas de saúde a muitas delas, devido ao facto de passarem mais tempo a regar as suas culturas e às longas viagens que fazem para encontrar água. Acreditam que, se preservarem o seu ambiente, poderão reduzir a sua pobreza e o tempo que gastam a ir buscar água que não está facilmente disponível para satisfazer as suas necessidades.

8.1.6 Causas de conflito nas zonas do projeto

Os conflitos em torno da água devem-se à insuficiência dos sistemas de irrigação na região. Existem apenas cabeceiras (tomadas de água) e um canal principal (ainda não concluído em todos os projectos). Os canais secundários e terciários ainda não estão bem desenvolvidos. Por vezes, as populações que vivem a montante bloqueiam os canais e tornam a água inacessível às populações que vivem a jusante, o que desencadeia e alimenta conflitos entre os diferentes utilizadores da água, que são todos agricultores. Mas as fontes de água não sustentáveis também contribuem para estes conflitos.

Ao longo dos workshops, tornou-se claro que não existia uma plataforma capaz de unir as vozes das várias partes interessadas. Por conseguinte, foi acordado criar um fórum multi-interveniente a nível distrital que pudesse reunir os meios de comunicação social, as vítimas de conflitos de terra, as organizações da sociedade civil, os investidores, os funcionários públicos e os decisores políticos.

Do mesmo modo, foi acordado que deveria ser formado um consórcio informal que reunisse as organizações comunitárias que defendem os direitos dos pastores e as que defendem os direitos dos pequenos agricultores. O CCDO, através dos seus parceiros de desenvolvimento, tais como o Conselho Distrital Rural de Iringa, irá ver como estas duas recomendações principais podem ser implementadas.

O CCDO aprendeu que "por detrás do véu do governo e dos negócios, há pessoas que têm coração, sentimentos e tomam decisões. Envolvê-las numa discussão amigável pode certamente ser um passo em direção a uma solução duradoura para Pawaga e o Grande Rio Ruaha. Os meios de comunicação social, as organizações da sociedade civil e os investigadores têm um papel e um lugar nesta luta.

8.1.7 Impacto da pastorícia

A explicação para as enormes manadas de gado em Pawaga está também ligada à expulsão dos pastores do vale de Ihefu, em Mbarali, em parte para evitar a escassez de água para a barragem hidroelétrica de Mtera. Por várias razões, incluindo a má governação dos líderes locais, os pastores não conseguiram chegar ao destino pretendido. De acordo com os entrevistados, alguns pastores subornaram os líderes locais para os deixarem instalar-se nas divisões de Pawaga e Isimani. Este facto deu origem a conflitos entre pastores e agricultores.

A maioria dos pastores vivia e desenvolvia actividades pastoris na área que foi transformada em reserva de caça (cerca de 777 quilómetros quadrados) adjacente ao Parque Nacional de Ruaha. Quando a área foi transformada numa reserva de caça e parte dela na Área de Gestão da Vida Selvagem (WMA) de Mbomipa, os habitantes da antiga Ilolo, incluindo os pastores, foram evacuados e transferidos para a aldeia de Ilolo Mpya.

De acordo com os entrevistados, quando o governo expulsou os pastores de Ihefu, era suposto viajarem com o seu gado e instalarem-se na região de Mtwara. Ao atravessarem as regiões de Pawaga e Isimani, registaram-se chuvas fortes e inundações prolongadas. Os pastores e o seu gado não puderam continuar a deslocar-se para Mtwara. Por conseguinte, foram autorizados a instalar-se temporariamente em Pawaga até que as condições das chuvas e das inundações permitissem uma deslocação mais segura dos pastores e dos seus enormes rebanhos de vacas. É de notar que existem enormes manadas de gado na divisão. Os pastores de Pawaga, em geral, e do distrito de Ilolo Mpya, em particular, provêm de vários locais. Por conseguinte, tiveram de partilhar a relativamente pequena quantidade de terra com os aldeões existentes. Ao longo dos anos, as manadas de gado ultrapassaram a capacidade de carga da zona. Como se isso não bastasse, alguns dos agricultores que se instalaram em Pawaga e Isiman convidaram os seus amigos e parentes, que também chegaram com manadas de vacas, a instalarem-se nas pequenas terras de Pawaga e Isimani, já muito procuradas. Esta situação é em parte

reflecte a incapacidade e a falta de vontade dos detentores do poder para garantir que apenas as pessoas autorizadas a instalar-se na região, de acordo com a capacidade de carga da terra, o façam.

autorizados para o efeito.

Revela também deficiências de liderança e governação, incluindo a falta de decisões adequadas sobre o número de cabeças de gado autorizado a instalar-se na zona. Ao longo dos anos, o efectivo tem aumentado, tanto através da migração como do nascimento. Este facto deu origem a um conflito de terras entre os pastores e os agricultores da região.

8.1.8 Soluções para o conflito

[th]Numa tentativa de encontrar soluções para o conflito dos Pawaga, o Ministro responsável pela Política, Coordenação e Parlamento no Gabinete do Primeiro-Ministro, William Lukuvi, escreveu uma carta datada de *11 de junho de 2013, com a Ref. n.º 1/CFC.82/215/01,* ao Ministro dos Recursos Naturais e Turismo. Este e outros esforços empreendidos pela comunidade Pawaga não conduziram a resultados positivos.

Embora este seja o conflito que predomina em Pawaga entre pastores e agricultores, existe também um conflito entre os próprios agricultores. Este conflito baseia-se na luta pela água, devido à escassez deste recurso precioso.

De acordo com uma pessoa entrevistada em Pawaga e Idodi, "não se pode cultivar perto dos sogros porque se está a lutar pela água".

9.0 Análise
9.1.0 Actividades planeadas, concluídas e resultados alcançados
As actividades do CCDO planeadas e concluídas no âmbito deste projeto incluem várias reuniões de aldeias nas três divisões de Pawaga, Kalenga e Isimani para aumentar a sensibilização para as alterações climáticas. Foi realizada formação nas seguintes aldeias e respectivas sub-aldeias. Estas aldeias são Ilalasimba (Ipangani, Kalangaliye, Songambele, Gungandembwe) no distrito de Nzihi, aldeia de Magubike (Mji Mwema, Mnanga, Nzihi "A", Mbega, Mazombe, Ihanzu, Mji Mwema "B" e Nzihi "B") no distrito de Nzihi. As outras aldeias são Migori, Mangawe, Igingilanyi, Kisinga, Itunundu, Mkungugu, Nyang'oro, Ilolompya, Luganga, Isaka e Nyakavangala. Os objectivos do projeto consistiam em reforçar a capacidade dos agricultores e dos pastores para enfrentarem os efeitos adversos das alterações climáticas e combaterem os factores de desflorestação e de degradação das florestas através de intervenções comunitárias.

O projeto está sediado nas três divisões de Pawaga, Kalenga e Isimani, na região rural de Iringa, na Tanzânia. No entanto, em resultado de práticas insustentáveis de gestão das terras e de uma precipitação insuficiente devido à variabilidade climática, o afluxo de chuva ao grande rio Ruaha caiu para o seu nível mais baixo e levou a barragem de Mtera a suspender as suas actividades de fornecimento de eletricidade até à estação das chuvas. Consequentemente, a produção agrícola também diminuiu, deixando os aldeões e o seu gado em condições socioeconómicas vulneráveis. Por este motivo, o projeto CCDO visava reforçar a capacidade dos agricultores e dos pastores para enfrentarem os efeitos adversos da adaptação às alterações climáticas e para combaterem as causas da desflorestação e da degradação florestal através de iniciativas comunitárias.

9.1.1 Resultados das reuniões com as comunidades
O CCDO esforçou-se por identificar as fontes de água que devem ser conservadas e protegidas dos choques ambientais externos e das actividades quotidianas de desenvolvimento humano que põem em perigo a sustentabilidade das suas fontes de água. No total, foram identificadas 24 fontes de água nas zonas estudadas.

Para garantir a conservação e a sustentabilidade de todas as fontes de água disponíveis, formámos comités de água em cada aldeia. Os comités das fontes de água eram constituídos por 5 a 8 pessoas que representavam as suas sub-aldeias, com um equilíbrio entre homens e mulheres. A seleção dos membros dos comités foi presidida pelo presidente da aldeia e pela sua equipa do conselho da aldeia, que supervisionou as reuniões de eleição dos comités das fontes de água, cujos membros eram todos aldeões que escolheram democraticamente os membros e líderes dos seus comités das fontes de água.

A situação nas aldeias antes do início do programa em : **Aldeia de Nzihi**
Situação - Durante os anos 1980-1991, as condições climatéricas eram muito boas e a água corria abundantemente durante todo o ano a partir das quatro fontes de água disponíveis, nomeadamente Mazombe, Malo, Kigasi e Ihanzu, embora a origem do rio Ihanzu se situe na aldeia de Ilalasimba. Atualmente,

no entanto, todas estas fontes de água têm um fluxo sazonal, particularmente durante a estação das chuvas, com exceção da nascente de Nyambugi na sub-aldeia de Mwema "B", que pode pelo menos continuar a fornecer água durante todo o ano.

A nascente de Mazombe começou a ser afetada em 1976 devido à cultura do tabaco e à plantação de espécies arbóreas hostis à água nas raízes da nascente.

Em geral, as fontes de água nas áreas estudadas foram afectadas por vários factores, incluindo, entre outros, a seca resultante das alterações climáticas, o aumento gradual da população humana, particularmente nas aldeias onde a produção de tabaco e tomate em grande escala atraiu agricultores e empresários que se estabeleceram na região de Nzihi, e o aumento do número de animais em comparação com o número de pastagens disponíveis.

Ilalasimba e Magubike: Na aldeia de Ilalasimba, os participantes notaram que, entre 1988 e 2000, as pessoas começaram a cultivar plantas medicinais.

tomate, cebola e legumes verdes através de um sistema de agricultura de regadio, este sistema utiliza, portanto, mais água das fontes mencionadas devido à secagem destes produtos.

Acrescentaram ainda que, na sua região, não há conflitos entre pastores e agricultores, mas que estão confrontados com um grave problema de doenças relacionadas com o VIH e a SIDA, uma catástrofe grave e escandalosa que matou e continua a matar muitas pessoas desde que chegou a estas aldeias e se propagou.

Observações gerais

Ao fazer recomendações sobre o projeto financiado pelo PNUD no CCDO, a maioria dos participantes acabou por pedir ao projeto que os ajudasse a encontrar mais fundos para educar a população sobre a necessidade e os meios adequados de recolher a água da chuva, a fim de resolver os conflitos relacionados com a água entre as aldeias, a utilização da água e os utilizadores.

Os aldeões apelaram também à educação para a plantação e colheita de árvores, à sensibilização para a conservação do ambiente e das fontes de água e à necessidade de fornecer mais informações sobre as razões pelas quais as pessoas amam o seu ambiente e como protegê-lo daqueles que destroem o seu ambiente e daqueles que queimam as árvores que plantaram.

No entanto, outros aldeões atreveram-se a mencionar que costumavam plantar eucaliptos (Milingoti em Swahili) sem saber que não eram favoráveis à sustentabilidade das suas fontes de água, pois afirmaram que estavam a contribuir para a secagem das suas fontes de água. Outros efeitos negativos que enfrentavam estavam relacionados com a falta de sensibilização para a conservação do ambiente e com os choques ambientais daí resultantes.

Em resumo, depois de ter analisado os pontos de vista dos civis nas áreas de projeto das três divisões, o CCDO está ansioso por passar a próxima fase de 2016 a implementar os pontos de vista acima referidos, que parecem tão dignos de consideração. Isto inclui uma formação jurídica sobre as leis e os princípios ambientais que devem ser respeitados quando estes aldeões pensam em lançar um projeto local e sobre a necessidade de realizar um estudo de impacto ambiental antes do lançamento destes projectos ligados ao ambiente.

9.1.3 Situação em todas as regiões estudadas
Algumas partes destas fontes de água são utilizadas para actividades agrícolas devido à sua fertilidade e teor de água.
Os aldeões disseram que esta fonte de água precisava de ser plantada com mais árvores, que são conducentes à sustentabilidade desta fonte de água. [th]Esta prática está em consonância com o Dia Mundial do Ambiente, que se celebra todos os anos a 5 de junho e incentiva todos a plantar uma árvore no seu ambiente.
Em geral, as fontes de água nas áreas estudadas foram afectadas por vários factores, incluindo a seca em resultado das alterações climáticas, o aumento da população humana, particularmente nas aldeias onde o tabaco e o tomate são produzidos em grande escala, uma vez que isso atrai agricultores e homens de negócios para a região de Nzihi, e o aumento do número de animais em relação à quantidade de terras de pastagem disponíveis.
As principais actividades responsáveis pelo desaparecimento das nascentes de água são a plantação de árvores exóticas que não respeitam o ambiente e que, por isso, consomem mais água, como as espécies de eucarptus; a agricultura de regadio, praticada sobretudo ao longo das nascentes de água; a grande procura de lenha, especialmente de carvão vegetal nas zonas urbanas, e de lenha, utilizada principalmente nas aldeias e nas instituições, o grande número de animais em pequenas superfícies, a cura do tabaco com lenha e o cultivo de culturas nos vales.

9.1.4 Soluções para os desafios/problemas identificados
Os agregados familiares, os indivíduos, os institutos e as partes interessadas, como as associações de utilizadores de água, precisam de possuir florestas ou plantações para reduzir a pressão de abate de árvores para uma variedade de fins, incluindo lenha e materiais de construção.
A conservação das árvores disponíveis (árvores autóctones) é uma prática essencial que deve ser implementada diariamente.
O governo local deve ajudar estas populações locais indígenas a realizar uma avaliação do impacto ambiental antes do início de qualquer atividade ambiental, em conformidade com a parte III dos regulamentos relativos à avaliação e auditoria do impacto ambiental de 2005.
Deve existir um comité de atribuição de terras, mesmo ao nível das autoridades rurais, em colaboração e/ou sob a supervisão do governo local e central, a menos que o comité de atribuição de terras não tenha sido mencionado e/ou estabelecido ao abrigo da secção 12(3) da Lei de Terras [Cap. 113 R.E 2002].
Em todas as zonas estudadas, mencionaram também as principais causas da desflorestação e da degradação dos solos;
    1. Corte de árvores naturais e venda aos produtores de tabaco.
    2. Abate de árvores para alimentar as vacas (animais).

3. Fabrico de carvão vegetal, exploração florestal e actividades conexas
4. Falta de atitude e de conhecimentos para plantar árvores, especialmente árvores amigas do ambiente, nas fontes de água para educação sobre a conservação das fontes de água
5. Sobrepastoreio e seca
6. A chegada de imigrantes de outras comunidades exteriores para cultivar e explorar o tomate
7. A ausência de políticas de formulação ambiental e de instrumentos ambientais associados para uma melhor aplicação da política e da legislação ambiental.
8. Incêndio não planeado ou não controlado.

Falta de sensibilização para o ambiente e as alterações climáticas
A desflorestação e o fracasso da luta contra a seca.

9.1.6 Medidas prospectivas adoptadas pela CCDO para resolver os problemas acima referidos

Na primeira fase do projeto, preparámos um viveiro de árvores na aldeia de Nduli, no distrito rural de Iringa da divisão de Isiman, onde ligámos um cano de água da rede principal de Nduli. Preparámos pelo menos 220.810 sementes de árvores para serem distribuídas pelas divisões de Pawaga, Kalenga e Isimani em áreas de aldeias identificadas, onde identificámos famílias da comunidade, indivíduos, gabinetes institucionais, religiões e outros parceiros interessados em plantar mais árvores nas suas quintas. Cada família identificada receberá 200 mudas de árvores, equivalentes à sua % de acres de terra, enquanto as leis da aldeia exigem que cada família plante pelo menos 100 árvores, 50 para as mulheres e 50 para os maridos. Por conseguinte, foi acordado que cada aldeia plantaria 25 acres de árvores e que haveria 15 aldeias nas quais seriam plantadas árvores, perfazendo um total de 375 acres de terra nos quais as árvores seriam plantadas e supervisionadas pelo CCDO.

O viveiro incluía diferentes tipos de árvores para diferentes utilizações, tais como eucalipto, pinheiro, senna, siamea e mkungugu, que são Mijohoro, que é bom para lenha e alimentação de cabras, Acacia (Minus), Grenville, que é utilizada para madeira e lenha, Msombwe que é muito boa para conservar as fontes de água e produz o fruto Misombe que é muito popular nestas áreas do projeto, Mkengele Chuma (bambu) que conserva as fontes de água, Mironge que é preferida como medicina tradicional para muitas doenças e para a purificação da água graças às suas sementes, Lusina que é boa para alimentar aves e cabras e também é considerada uma boa árvore para remédios tradicionais para várias doenças, Mikungugu para lenha e sombra, Mzambarau / Miwengi que é boa para conservar fontes de água e produzir frutos, Milus, Mmelea que é boa para madeira e lenha, Mwarubaini que é boa para lenha e remédios tradicionais, particularmente para tratar a malária, e sementes de frutas que também devem ser distribuídas. Preparámos também um viveiro de frutas onde plantámos papaieiras, abacateiros e mangueiras. Todos estes tipos de árvores devem ser distribuídos nestes distritos. Algumas das sementes de árvores preparadas serão distribuídas a escolas identificadas e a grupos de jovens interessados na conservação do ambiente, como se pode ver nas fotos abaixo.

Outras questões foram levantadas em várias sessões de formação e reuniões

O fornecimento de plântulas e sementes de árvores deve ter em conta as características climáticas da zona especificada.

O fornecimento de plântulas e sementes de árvores deve ter em conta as preferências dos agricultores (aldeões e outras partes interessadas), os factores ambientais (árvores amigas do ambiente) e o potencial económico das árvores.

Os governos local e central devem ser mantidos informados dos esforços e das perspectivas do projeto, para que possam continuar a obter o apoio das autoridades competentes mesmo após o encerramento do projeto, uma vez que a conservação do ambiente é para as gerações presentes e futuras.

Tipos de árvores preferidos em função do ambiente

Durante a formação, a facilitação e o levantamento de campo em cada comunidade, os formandos tiveram a oportunidade de mencionar as espécies de árvores preferidas de acordo com o ambiente, tendo em conta as preferências sociais, ambientais e económicas, a fim de garantir a sustentabilidade do projeto. Assim, as comunidades mencionaram árvores para várias utilizações, como frutos, lenha, madeira, postes e outros produtos não lenhosos, como medicamentos, legumes, árvores forrageiras e frutos. Mas também foram mencionados outros benefícios não tangíveis, como objectivos de conservação, como o combate à erosão do solo e às alterações meteorológicas e climáticas, devido à atual situação de alterações climáticas que afectam a agricultura e outras actividades económicas. No entanto, as comunidades foram encorajadas a mencionar as espécies de árvores nativas preferidas, particularmente as árvores de conservação da água, em vez de árvores exóticas para fins de conservação. Além disso, durante este exercício, foram registados comités seleccionados nas aldeias identificadas, com o objetivo de plantar árvores em bosques, de acordo com os indivíduos, agregados familiares, grupos e institutos disponíveis na aldeia, tais como os estados e as árvores e frutos preferidos acima enumerados.

Contribuições das partes interessadas

O CCDO tem estado a trabalhar para lançar uma campanha nacional de sensibilização para a necessidade de apoiar iniciativas de adaptação baseadas na comunidade para lidar com os efeitos negativos das alterações climáticas em todo o país. *Bilithi Mahenge foi convidada de honra e* o projeto foi oficialmente lançado na cidade de Makete ao mesmo tempo que o projeto financiado pelo Fundo Florestal da Tanzânia (TaFF) "Plantação de árvores para melhorar a conservação das florestas e os meios de subsistência da comunidade no bairro de Iniho ao longo da floresta de captação de água de Unyangogo no distrito de Makete da região de Njombe, Tanzânia". Binilithi Mahenge, dirigindo-se às comunidades de Makete, afirmou

"Todos nós assistimos às alterações climáticas no país: secas, chuvas inesperadas, inundações, aumentos de temperatura, doenças como o paludismo nalgumas zonas onde antes não existia. Por exemplo, em certas zonas de Makete e em várias regiões, a malária está agora a ser registada, como em Iringa, Njombe, Mbeya e Kilimanjaro, o que testemunha as alterações climáticas no país";

- *Diretor do PNUD Tanzânia*
- *Representante do Fundo Florestal da Tanzânia*
- *Funcionários do governo*
- *Líderes de partidos políticos e religiões*
- *Todos os membros presentes Senhoras e Senhores*

Senhoras e senhores, gostaria de agradecer a Deus por me ter dado a oportunidade de estar aqui hoje. Foi uma honra juntar-me a vós para este importante evento, que foi preparado pela Children Care Development Organization (CCDO) para lançar dois projectos de conservação e ambientais no distrito de Makete.

Gostaria de aproveitar esta oportunidade para agradecer à organização os seus objectivos e o trabalho que realiza e o contributo que dá à nação e ao governo na luta contra a pobreza, em particular ajudando as crianças que vivem em ambientes difíceis e angustiantes.

Como me foi dito, um dos projectos visa ajudar a comunidade a combater as alterações climáticas no país, apoiando iniciativas de adaptação baseadas na comunidade para lidar com os efeitos negativos do clima. O outro projeto é a plantação de árvores para manter e melhorar a conservação das florestas e os meios de subsistência da comunidade na área de Iniho ao longo da floresta de captação de água de Unyangogo - distrito de Makete.

Senhoras e Senhores Deputados, todos nós testemunhámos como o nosso país tem sido destruído pelas alterações ambientais e climáticas. Em 28/04/2015, o governo elaborou um segundo relatório sobre o ambiente do país, este relatório abrangeu a população, bem como as alterações climáticas e o ambiente, por exemplo, a floresta e os recursos hídricos na área de captação. O relatório também mencionava a economia, a agricultura, os animais, as pescas, a tecnologia, a vida selvagem, os transportes, a indústria e a saúde.

Todos nós assistimos a mudanças como secas, chuvas inesperadas, inundações, doenças relacionadas com o clima, como a malária, em áreas onde não havia historial de tais doenças, por exemplo, em partes de Makete. Isto recorda-nos que somos todos responsáveis pela proteção do nosso ambiente contra estas catástrofes.

O Governo continua a proteger a lei e o ambiente no país através da implementação do projeto de conservação/ambiente, trabalhando com outros intervenientes ambientais. Gostaria de dar orientações às Autoridades Governamentais Constituintes para que implementem este projeto com firmeza e actuem através da sua liderança.

A Lei da Conservação do Ambiente (Lei de Gestão Ambiental n.º 20 de 2004), o desenvolvimento ambiental e os seus orçamentos anuais são áreas importantes de atenção para os governos centrais. Apelo às novas organizações governamentais, às organizações religiosas e às partes interessadas para que participem ativamente na implementação da proteção ambiental, desde cada indivíduo até à comunidade como um todo. Vamos preservar o nosso ambiente para proteger a nossa saúde para a próxima geração.

Como sabem, o gabinete do Vice-Presidente é, nos termos da lei, totalmente responsável pela conservação e pelo ambiente no país e, na qualidade de Ministro, apelo a todas as organizações governamentais e não governamentais e aos grupos comunitários religiosos para que dediquem o seu tempo à criação de grandes projectos ambientais e à sua execução, utilizando os seus recursos internos ou recursos de desenvolvimento provenientes de indivíduos dispostos a apoiar o ambiente.

Para concluir o meu discurso, gostaria de agradecer aos nossos camaradas do PNUD e do Fundo Florestal da Tanzânia por terem patrocinado os dois projectos que hoje inauguramos. Quero assegurar-vos que o governo reconhece a vossa contribuição e que o meu gabinete continuará a apoiar-vos e nunca se cansará de trabalhar connosco noutras áreas. Agradeço ao CCDO por ter escolhido Makete como uma das suas regiões e asseguro-vos que, como deputado, continuarei a apoiar a execução dos vossos projectos. Por conseguinte, peço aos wananchi (cidadãos) que apoiem o CCDO ao mais alto nível e outras partes interessadas para o desenvolvimento do nosso distrito.

Senhoras e Senhores Deputados, depois de ter apresentado algumas destas recomendações, declaro oficialmente abertos estes dois projectos.

i) apoiar iniciativas de adoção comunitária para fazer face aos efeitos adversos das alterações climáticas; e

ii) A plantação de árvores para melhorar a conservação das florestas e os meios de subsistência da comunidade no bairro de Iniho, ao longo da floresta da bacia hidrográfica de Unyangogo, no distrito de Makete, foi agora oficialmente lançada.

10.0 Conclusões e recomendações

O projeto foi, portanto, concebido para explorar as causas e a extensão dos conflitos de terra e o mapeamento das partes interessadas que podem contribuir para encontrar uma solução sustentável nos distritos rurais de Iringa, uma vez que o nosso objetivo geral no estudo de base para o programa era identificar as fontes de água, os canais existentes, os desafios e as oportunidades para mitigar os conflitos de terra e de recursos naturais na Tanzânia a nível nacional, com base em estudos de caso que foram realizados nas três áreas-alvo.

REFERÊNCIAS

URT, (2007): Plano de Ação Nacional de Adaptação - PANA (2007), recuperado em 16/11/2017 de.
http://www.preventionweb.net/english/policies/v.php?id=8576&cid = 184
Ministère de la planification, de l'économie et des pouvoirs, (2007) :
Relatório sobre a pobreza e o desenvolvimento humano 2007. REPOA

Gabinete Nacional de Estatística, (2013): Perfil socioeconómico da região de Iringa. Ministério das Finanças, Direção Nacional de Estatística.

Murusuri, N.K.,(2015): Impacto global da ação comunitária. Obtido em 12/11/2017 de
https://sgp.undp.org/index.php?option=com sgpprojects&view=projectdetail&id = 22568&Itemid = 272.UNDP

Kangalawe e Yanda, (2004): Impactos das alterações climáticas e da variabilidade na produção agrícola e nos sistemas de subsistência na Tanzânia ocidental. Obtido em 12/11/2017 de
http://www.tandfonline.com/doi/abs/10.1080/17565529.2016.1146119?)
ournalCode=tcld20
Sonwa, D.J., (2013): Factores de risco climático na agricultura africana. Obtido em 17/11/2017 de
http://www.tandfonline.com/doi/full/10.1080/17565529.2016.1167659?src=recsys

PNUA, (2012): Programa de Ação Nacional de Adaptação às Alterações Climáticas de Myanmar. Estados Unidos da América.

Agência dos Serviços Florestais da Tanzânia, (1998): Política Florestal Nacional da Tanzânia. Obtido em 17/11/2017 de
http://www.tfs.go.tz/en/resources/view/tanzania-national-forest-policy-1998

Sundet, G,. (2005): The Land Act 1999 and the Village Land Act: A Technical Analysis of the Practical Implications of the Act. Retrieved on 2016 from
https://www.google.com/search?biw=1366&bih=636&ei=OjoQWpaYJIXDwQLio424AQ&q=village+land+act+%281998%29&oq=village+land+act+%281998%29&gsl=psy-ab.3...7979.21545.0.22121.24.24.0.0.0.0.616.3796.2-3j4j2j1.10.0....0...1.1.64.psy-ab..17.0.0....0.40KOEgYikU

Ministério dos Recursos Naturais e do Turismo, (1998): Política Nacional da Vida Selvagem da Tanzânia. Dar es Salaam.

Printed by Books on Demand GmbH, Norderstedt / Germany